Annales de Géographie

La revue des *Annales de géographie* a été fondée en 1891 par Paul Vidal de la Blache. Revue généraliste de référence, elle se positionne à l'interface des différents courants de la géographie, valorisant la diversité des objets, des approches et des méthodes de la discipline. La revue publie également des travaux issus d'autres disciplines (de l'écologie à l'histoire, en passant par l'économie ou le droit), sous réserve d'une analyse spatialisée de leur objet d'étude.

Directeur de publication
Nathalie Jouven

Administration et rédaction
Dunod Éditeur S.A.
11, rue Paul Bert, CS 30024, 92247 Malakoff cedex

Rédacteurs en chef
Véronique Fourault-Cauët et Christophe Quéva
annales-de-geo@armand-colin.fr

Traductions en anglais
Nicholas Flay

Maquette
Dunod Éditeur

Périodicité
revue bimestrielle

Impression
Imprimerie Chirat
42540 Saint-Just-la-Pendue

N° Commission paritaire
0925 T 79507

ISSN
0003-4010

Dépôt légal
octobre 2023, N° 202310.0012

Parution
octobre 2023

Revue publiée avec le concours du Centre national du livre

© Dunod Éditeur
Armand Colin est une marque de Dunod Éditeur

Tous droits de traduction, d'adaptation et de reproduction par tous procédés réservés pour tous pays. En application de la loi du 1er juillet 1992, il est interdit de reproduire, même partiellement, la présente publication sans l'autorisation de l'éditeur ou du Centre français d'exploitation du droit de copie (20, rue des Grands-Augustins, 75006 Paris).

All rights reserved. No part of this publication may be translated, reproduced, stored in a retrieval system or transmitted in any form or any other means, electronic, mechanical, photocopying recording or otherwise, without prior permission of the publisher.

Rédacteurs en chef

Véronique Fourault-Cauët	maître de conférences, Université Paris Nanterre
Christophe Quéva	maître de conférences, Université Paris 1 Panthéon-Sorbonne

Comité de rédaction

Nathalie Bernardie-Tahir	professeur, Université de Limoges
Vincent Clément	maître de conférences, Université de la Nouvelle-Calédonie
Béatrice Collignon	professeur, Université Bordeaux-Montaigne
Étienne Cossart	professeur, Université de Lyon, Jean Moulin-Lyon 3
Henri Desbois	maître de conférences HDR, Université Paris Nanterre
Martine Drozdz	chargée de recherche au CNRS, UMR LATTS
Simon Dufour	maître de conférences HDR, Université de Rennes 2
Catherine Fournet-Guérin	professeur, Sorbonne Université
Isabelle Géneau de Lamarlière	maître de conférences, Université Paris 1 Panthéon-Sorbonne
Marie Gibert	maître de conférences, Université de Paris
Camille Hochedez	maître de conférences, Université de Poitiers
Guillaume Lacquement	professeur, Université de Perpignan
Lionel Laslaz	maître de conférences HDR, Université de Savoie
Isabelle Lefort	professeur, Université Lumière Lyon 2
Renaud Le Goix	professeur, Université de Paris
Florent Le Néchet	maître de conférences, Université Paris Est Marne-la-Vallée
Laurent Lespez	professeur, Université Paris-Est Créteil
Olivier Pliez	directeur de recherche au CNRS, ART-Dev UMR 5281
Jean-François Valette	maître de conférences, Université Paris 8 Vincennes-Saint-Denis

Correspondants étrangers

Enrique Aliste, professeur, Université du Chili, Chili ; **Maria Castrillo**, professeur, Université de Valladolid, Espagne ; **Hugh Clout**, professeur, University College, London, Royaume-Uni ; **Rodolphe De Koninck**, professeur, Université de Montréal, Québec, Canada ; **Eckart Ehlers**, professeur, Université de Bonn, Allemagne ; **Tim Freytag**, professeur, Université de Freiburg, Allemagne ; **Vladimir Kolossov**, professeur, Académie des Sciences de Russie, Russie ; **Guy Mercier**, professeur, Université Laval, Québec, Canada ; **Teresa Peixoto**, professeur, Université fédérale du Norte Fluminense, Brésil ; **Dietrich Soyez**, professeur, Université de Cologne, Allemagne.

Indexé dans / *Indexed in*
- PAIS International
- CAB International
- Bibliography and Index of Geology
- Geographical Abstracts (Geobase)
- Bases INIST (Francis et Pascal)
- Ebsco Discovery Service (EDS)
- Scopus

En ligne sur / *Online on*
- www.revues.armand-colin.com
- www.cairn.info

N° 753
Septembre-octobre 2023
132ᵉ ANNÉE

Sommaire/Contents

ARTICLES	PAGE	
N. Bernardie-Tahir, É. Cossart	5	Quand la forêt cache l'arbre. Recherches sur projet et pratiques des chercheurs en géographie *Project research: a smoke-screen? Impacts of projects on the practices of geography researchers*
É. Cossart	21	Recherches sur programmes : enjeux scientifiques intra- et interdisciplinaires en géographie de l'environnement *Programme research: intra- and interdisciplinary scientific issues in environmental geography*
J. Douvinet, E. Bopp, M. Vignal, P. Foulquier, A. César	41	Quand la recherche accompagne les acteurs de l'alerte institutionnelle en France : entre science, expertise et médiation *Supporting institutional warning systems in France: between science, expertise and mediation*
Q. Rivière, C. Germanaz, B. Moppert, F. Taglioni	64	Mener une thèse de géographie en Cifre au sein d'un projet de recherche pluridisciplinaire et multi-partenarial *Conducting a Cifre geography thesis within a multidisciplinary and multi-partner research project*

COMPTES RENDUS/BOOK REVIEWS

86 GIRAUT F., HOUSSAY-HOLZSCHUCH M., *Politiques des noms de lieux. Dénommer le monde*, par G. Di Méo

87 LUGLIA R., BEAU R., TREILLARD A. (DIR), *De la réserve intégrale à la nature ordinaire, les figures changeantes de la protection de la nature*, par V. Fourault-Cauët et C. Quéva

ARTICLES

Quand la forêt cache l'arbre. Recherches sur projet et pratiques des chercheurs en géographie

Project research: a smoke-screen? Impacts of projects on the practices of geography researchers

Nathalie Bernardie-Tahir

Professeure, Université de Limoges, Geolab — UMR 6042

Étienne Cossart

Professeur, Université Jean Moulin (Lyon 3), EVS – UMR 5600 du CNRS

Résumé	Depuis le début des années 1980 en France, le monde de la recherche a été traversé par une évolution profonde de ses modalités de structuration, de production et de financement. Longtemps réalisée de manière individuelle autour d'une thématique décidée le plus souvent par un chercheur et financée sur la base de crédits budgétaires récurrents, la recherche s'est transformée en privilégiant une approche par équipe-projet sur la base de réponses à des appels d'offres. Cette transformation radicale du modèle de production de la recherche soulève nombre d'interrogations et d'inquiétudes, particulièrement au sein du monde des SHS et de la communauté des géographes, pour lesquels ces nouvelles modalités introduisent une rupture épistémologique et opérationnelle. Dans ce contexte, cette réflexion et, plus largement, l'ensemble des articles de ce numéro thématique, a pour objectif de questionner, de manière critique, l'injonction faite aux géographes de s'inscrire dans une recherche sur projets. Plus précisément, celle-ci a des incidences fortes sur le fonctionnement des laboratoires, sur l'animation des équipes-projets ou sur le travail de terrain.
Abstract	*Since the early 1980s in France, the world of research has undergone deep changes in the way it is structured, produced and funded. For a long time, research was carried out on an individual basis, focused on a theme usually decided by a single researcher and funded though recurrent budget. Today, however, research has evolved towards a team-project approach, based on response to calls for tender. This radical transformation of the research production model raises a number of questions and concerns, particularly within the SHS world and the geographers' community, and induces an epistemological and operational shift. The aim of this paper and, more broadly, all of those in this special issue, is to critically question the injunction for geographers to engage in project-based research. More specifically, this has a major impact on the way laboratories operate, on the way project teams are run and on fieldwork.*
Mots clés	programme, projet, équipe, chercheur, géographie
Keywords	*research program, research project, team, researcher, geography*

Depuis le début des années 1980 en France, le monde de la recherche en général et en sciences humaines et sociales (SHS) en particulier a été traversé par une évolution profonde et semble-t-il irréversible de ses modalités de structuration, de production et de financement. Longtemps réalisée de manière individuelle, voire solitaire, autour d'une thématique décidée le plus souvent par un chercheur, et financée sur la base de crédits budgétaires récurrents, la recherche s'est profondément transformée en s'inscrivant dans des stratégies de laboratoire clairement identifiées et évaluées, en privilégiant une approche par équipe projet et en obtenant des financements à partir de réponses à des appels à projets, dits AAP[1].

Ce changement de paradigme a deux principales conséquences. Considérée de plus en plus comme une source de production de connaissances et d'innovations utiles pour la société, la recherche publique s'est progressivement vue assigner un impératif de « relevance » (Hessels *et al.*, 2009, p. 388 ; Hubert *et al.*, 2011), susceptible de contribuer directement au développement des sociétés et de permettre à la France d'être compétitive dans « la bataille pour l'intelligence » (Frances et Le Lay, 2012, p. 7). Le processus très normatif qui encadre l'évaluation des projets de recherche, leur stricte sélection, et le contrôle régulier qui est exercé tout au long de leur réalisation est organisé en vue de répondre à cette injonction de performance et d'excellence qui est désormais adressée à la recherche. Il n'est toutefois pas exempt de biais, voire de problèmes éthiques, ce qui remet en cause l'hypothétique corrélation entre la qualité d'une recherche et le succès à un AAP.

Par ailleurs, ce mode de financement sur projet s'inscrit dans un contexte de stagnation, voire de régression des crédits récurrents qu'il permet de pallier en partie, aboutissant à une véritable « contractualisation » de la recherche (Hubert et Louvel, 2012 ; Renaud, 2012). Ainsi, si la part du financement sur projet de la recherche publique était inférieure à 10 % en 1982, elle est de 25 % en 2018[2], émanant d'organismes financeurs plus nombreux et diversifiés. La tendance ne fait que s'amplifier aujourd'hui, notamment depuis la mise en place de la Loi de Programmation de la Recherche (LPR) en 2020. Elle consacre le mode de recherche sur projet, en positionnant notamment l'Agence Nationale de la Recherche (ANR) comme financeur principal de l'enseignement supérieur français auquel elle apporte le tiers des ressources contractuelles totales.

La transformation radicale du modèle de structuration de la recherche a soulevé un grand nombre d'interrogations et de critiques, particulièrement au sein du monde des SHS, certes plus tardivement touché par cette évolution que les sciences expérimentales, mais pour lequel ces nouvelles modalités introduisent

---

1 Dans cet article, la réflexion que nous avons menée porte exclusivement sur les problématiques de la recherche réalisée par des équipes *ad hoc* qui se sont constituées pour répondre à un AAP. Cette précision terminologique a ici toute son importance. D'une part car la recherche s'est toujours effectuée dans le cadre de projets. Etymologiquement, le pro-jet est une idée/un plan qu'on jette en avant, dans un avenir proche. Dans ces conditions, la recherche relève toujours d'un projet : travailler avec un collègue est un projet ; se rendre sur un nouveau terrain est un projet ; expérimenter une nouvelle méthode de recherche est un projet ; etc. D'autre part, une équipe peut désigner un groupe de chercheurs (sous-ensemble d'un labo par exemple) qui travaillent ensemble, pas nécessairement dans le cadre d'un AAP.

2 https://publication.enseignementsup-recherche.gouv.fr/eesr/FR/T622/le_financement_des_activites_de_recherche_et_developpement_de_la_recherche_publique/#ILL_EESR14_R_46_01.

une profonde rupture épistémologique et idéologique. Certes, le principe de financement sous la forme de crédits récurrents est perfectible, en ce qu'il peut entraîner un risque de saupoudrage des moyens susceptible d'accentuer le manque de lisibilité et de visibilité des recherches développées. Pour autant, la recherche en SHS a la spécificité de pouvoir être menée avec des moyens plus modestes que dans d'autres disciplines, tout en nécessitant un temps long de réalisation (du travail de terrain jusqu'à la finalisation). Alors que le recours à des AAP pourrait être moins systématique, ceux-ci viennent alourdir et rigidifier les modalités de la recherche et introduire de l'incertitude là où les crédits récurrents permettaient de redonner du temps en garantissant des moyens sur une durée plus longue. Plus largement, la logique de la recherche sur programme fait émerger de graves inquiétudes, tant sur le plan éthique, que politique, scientifique et opérationnel.

Dans ce contexte, cette réflexion et, plus largement, l'ensemble des articles de ce numéro thématique, a pour objectif de prendre du recul face à l'injonction faite aux chercheurs en SHS, et plus spécifiquement en géographie, de répondre à des appels à projets (AAP) afin d'obtenir des programmes financés. Sans prétendre à l'exhaustivité, il s'agit d'offrir un regard complémentaire aux analyses déjà effectuées depuis une décennie sur les enjeux politiques de l'évolution actuelle de la recherche publique (Frances et Le Lay, 2012), ou encore sur la problématique de son évaluation (Louvel, 2012 ; Servais, 2011 ; Touret *et al.*, 2019). De plus, resserrer la focale sur la communauté des géographes permet non seulement d'explorer un champ jusqu'à présent peu documenté, mais surtout – c'est en tout cas l'hypothèse que nous formulons –, de dégager les enjeux plus spécifiques du déploiement de la recherche sur projet dans cette discipline. Enfin, nous avons fait le choix d'adopter une posture critique, qui met sans aucun doute davantage en avant les revers de la recherche sur ce format. Nous assumons ce biais pour deux raisons. Tout d'abord, il semble refléter la majorité des interrogations ou inquiétudes émanant de nos laboratoires ou de nos communautés de recherche. Ensuite, insister sur les implications problématiques de la recherche sur programme met en lumière de multiples points de vigilance qui peuvent relever de l'éthique, de la surétude ou plus largement de nos fonctionnements collaboratifs. Ils sont en tout cas l'occasion de prendre du recul sur nos pratiques de géographes et, peut-être, aideront à réfléchir à nos postures de chercheurs.

Dans cette optique, nous observons tout d'abord la manière dont la recherche sur programme modifie la vie des laboratoires de géographie, dans leur quotidien, les pratiques et les hiérarchies. Puis nous analysons les problématiques de cohésion et d'interactions au sein des équipes de recherche constituées regroupant, selon le cahier des charges des appels d'offres, des membres aux statuts et disciplines très disparates. Enfin, nous insistons sur les modalités spécifiques du travail de terrain des géographes lorsqu'il est réalisé en équipe.

1 Le labo, l'équipe et le chercheur

Le principe de l'AAP repose sur deux catégories de critères (Piponnier, 2014). La qualité scientifique des propositions, évaluée par les pairs, est un critère primordial dans le processus de sélection. Il a toutefois tendance à occulter, à tort, le second, relatif aux conditions d'éligibilité. Celles-ci regroupent l'ensemble des conditions requises pour l'appel à projets telles que l'adéquation à un périmètre thématique, le dimensionnement du consortium, ou encore des éléments organisationnels comme l'appartenance des chercheurs à des disciplines et/ou des unités de recherche différentes. Le caractère strict des conditions d'éligibilité interfère directement avec les politiques scientifiques des unités de recherche, pourtant présentées et évaluées suivant un rythme quinquennal devant le Haut Conseil à l'Evaluation de la Recherche et de l'Enseignement Supérieur (HCERES). Nous présentons ici quelques-unes de ces interférences, qu'il s'agisse des orientations scientifiques ou des modalités de travail collectif qui contribuent à transformer très substantiellement la vie des laboratoires.

1.1 Les AAP : vers une recherche de plus en plus contrainte et orientée

Le processus des AAP identifie des périmètres scientifiques, le plus souvent choisis afin d'optimiser les « retombées pour la société ». Il introduit ainsi un resserrement thématique en privilégiant *a priori* des axes « bankable » et d'autres qui le sont moins ou pas. La question du financement de la recherche sur projets a déjà donné lieu à des analyses critiques (Signoles, 2017 ; Roddaz, 2017), notamment sur certains dispositifs types ANR (Fayol, 2017 ; Giry *et al.*, 2017). Cette tendance va pourtant croissante, comme l'illustre l'enveloppe de 3,1 Md€ au titre des « stratégies nationales » dégagée en 2021 dans le cadre du PIA 4[3] visant à financer 23 programmes et équipements prioritaires de recherche (PEPR) opérés par l'ANR. Cette enveloppe est vingt fois supérieure au budget récurrent d'universités comme celle de Limoges (160 M€) ou de Lyon 3 (131 M€). Bien qu'ils soient officiellement destinés à « soutenir et transformer les écosystèmes d'enseignement supérieur, de recherche et d'innovation en [...] amplifiant la transformation des sites académiques et renforçant l'effort de transfert technologique[4] », ces programmes, par leur ampleur, contribuent au sentiment d'un fonctionnement à plusieurs vitesses entre les quelques lauréats, porteurs de thématiques ciblées, et la majorité des acteurs de l'Enseignement Supérieur et de la Recherche.

Le cycle de vie des AAP introduit par ailleurs des décalages temporels entre le temps long de la recherche et le temps plus court du projet (Schultz, 2013 ; Gosselain, 2011 ; Noûs, 2020) : cette mise en tension doit être gérée au sein de partenaires dont les attendus diffèrent. Le plus souvent associée à une vision à

---

3 https://www.ccomptes.fr/system/files/2022-05/NEB-2021-Recherche-enseignement-superieur.pdf p. 173
4 https://www.ccomptes.fr/system/files/2022-05/NEB-2021-Recherche-enseignement-superieur.pdf p. 174

court terme et à un impératif utilitaire, la recherche sur programme tend à favoriser les partenariats non-académiques, pour lesquels les retombées sont attendues à court terme. Cette échéance est toutefois considérée comme peu compatible avec les recherches de fond et la nécessaire production des données primaires sur le terrain (Théry-Parisot *et al.*, 2019), elle s'impose plus généralement au détriment d'une recherche plus exploratoire ou incertaine. Le déséquilibre est bien identifié depuis une décennie, à telle enseigne que des établissements universitaires ou encore le CNRS ont dû lancer des appels à projets dédiés aux recherches dites « exploratoires » ou « en rupture avec l'existant » (ex. Projets Exploratoires Premier Soutien, dits PEPS). Ces dispositifs, très appréciés de la communauté, sont mis en œuvre ponctuellement et restent d'une ampleur limitée, notamment si l'on considère l'enveloppe budgétaire allouée.

Il en ressort que les critères imposent des exigences qui enferment la recherche dans un cadre formaté et contraignant qui bride dans une certaine mesure créativité et innovation. L'expérience montre d'ailleurs que les *consortia* scientifiques ont tendance à se structurer en priorité afin de répondre aux critères d'éligibilité des appels à projets, et non plus en fonction d'objets et pratiques scientifiques partagés. Même si elle peut avoir des vertus heuristiques (*cf.* Cossart, dans ce numéro thématique), cette pratique interroge quant à l'objectif de pilotage de la recherche qui sous-tend la logique même des programmes.

1.2 Des labos à deux ou plusieurs vitesses ?

Le mode projet rythme dès lors le quotidien des chercheurs et contribue à une « accélération forcée de la recherche scientifique » (Candau, 2023), notamment parce qu'il engendre une multiplicité de missions périphériques au travail de recherche proprement dit (Dahan et Mangematin, 2010). Sortes « d'entrepreneurs en géographie », les géographes passent une partie de leur temps de travail à alterner entre des tâches administratives « stratégiques » (travail de veille/montage de projets, recherche de partenaires, réseautage, lobbying, etc.) et des tâches plus routinières (justification des dépenses, organisation de séminaires d'équipes, compte rendu d'avancement, etc.) qui deviennent plus chronophages à mesure que les exigences des organismes financeurs se renforcent sur le plan du suivi financier et opérationnel des projets (Neyland, 2007).

Cette nouvelle division du travail au sein des laboratoires produit des catégories binaires de chercheurs : ceux qui décrochent des financements sur projets et ceux qui ne sont pas financés, ceux qui font la recherche et ceux qui en construisent les cadres, alimentant ainsi tensions, clivages et sentiments de frustrations. Tout d'abord, à l'échelle des Unités de Recherche, le caractère chronophage des suivis de programmes de recherche est souvent mobilisé par leurs responsables pour esquiver la prise en charge de missions plus administratives, perçues de façon péjorative au sein de la communauté universitaire. Le postulat que les chercheurs qui doivent s'occuper de missions administratives collectives sont les collègues qui ont du temps, et donc qui ne font pas ou peu de recherche labellisée par des programmes, en est renforcé (Dahan et Mangematin, 2010). La direction d'un programme de recherche est de fait parfois érigée en totem pour objectiver un investissement dans la recherche.

Sur le plan institutionnel, la logique du projet tend à s'imposer à la logique de laboratoire qui, en France tout particulièrement, était jusqu'alors le garant d'une stratégie scientifique collective, assurant un rôle de protection des équipes et de redistribution des moyens (Hubert et Louvel, 2012). Une telle démarche conduit dès lors à un transfert du pilotage scientifique vers les responsables de projets (Jouvenet, 2011). Au sein même des programmes, ce fonctionnement peut introduire de nouvelles hiérarchies qui se superposent à celles qui préexistaient classiquement (direction de laboratoire, responsabilité d'axe, direction de thèse, etc.). En effet, être responsable de programme suppose de garantir le respect du cahier des charges fixé par le financeur, et plus largement la qualité scientifique des livrables prévus. Même si une telle position est déclinée de façon variable, les porteurs de projet se retrouvent classiquement à assurer le recrutement et le suivi de collègues sur une durée prédéterminée par les programmes. Celle-ci est d'ailleurs antagonique avec le développement et la valorisation par les publications d'une recherche de fond dont ont besoin les collègues qui se lancent dans une carrière académique. Ce rôle confère aux responsables de projet une position de référent incontournable pour les non statutaires (post-doctorants par exemple), qui peuvent se sentir davantage membres d'un programme que d'un laboratoire de recherche. Le risque est alors d'être coupé de ce dernier, et de ne pouvoir bénéficier de la socialisation scientifique ou de tout dispositif de soutien (financier, matériel) qu'il est susceptible d'offrir. Ces mêmes risques peuvent affecter la réalisation de thèses dans un tel contexte, notamment lorsque le responsable de programme interfère avec la direction de thèse, par exemple pour imposer un rythme de rendu, ou encore un droit de regard sur toutes les productions scientifiques (*cf. infra*). Le développement de ces équipes aboutit souvent à la remise en cause corollaire des hiérarchies internes et donc à l'implosion de la cohérence/cohésion des unités de recherche ainsi qu'à la fragilisation des postes et des statuts.

Enfin, la mise en œuvre d'une politique scientifique nationale, qui identifie des thèmes prioritaires stratégiques, peut également être négative dans le fonctionnement des unités de recherche, en affectant notamment certains chercheurs statutaires qui portent des thématiques considérées comme peu prioritaires d'après les canons des organismes de financement, et dont l'étude peut être entravée par manque de moyens (humains et financiers). Même si des évolutions interviennent à moyen terme dans la définition des priorités scientifiques, l'absence d'opportunités à l'échelle pluriannuelle peut affecter le déroulé de carrières : être responsable de programme est une plus-value pour obtenir un avancement. Le risque encouru est de créer des frustrations ou un essoufflement des motivations (Candau, 2023), dans un contexte déjà marqué par une surcharge de travail généralisée.

La dynamique des AAP n'a pas que des incidences sur l'écosystème dans lequel s'insèrent les programmes, notamment les unités de recherche. À un grain plus fin, au sein même des programmes, leur mise en œuvre soulève des questions dans l'organisation des tâches et la répartition des produits de la recherche, dont nous souhaitons présenter ici quelques enjeux-clés.

2 (Im)possibilité d'une équipe

Pour répondre aux critères imposés par les appels d'offres, chaque projet de recherche est animé par une équipe composée de chercheurs aux statuts (chercheurs, doctorants, post-doctorants), disciplines (sciences sociales et sciences expérimentales, ou bien diverses sciences sociales : économie/anthropologie/histoire/sociologie) et parfois origines géographiques distinctes (Signoles, 2017), auxquels peuvent s'ajouter des partenaires (publics ou privés) extérieurs au monde de la recherche. Le pilotage de ces équipes, éclectiques et temporaires, regroupant des cultures scientifiques, des approches méthodologiques et des univers très disparates, représente souvent une gageure pour le porteur du projet comme pour ses membres.

2.1 Faire équipe ou l'art de ménager la chèvre et le chou ?

Les collectifs de recherche sont de fait construits selon un cahier des charges imposant une composition extrêmement critérisée afin d'aboutir à une représentation diversifiée des profils, des institutions et des statuts. Cela va de la nécessité d'associer plusieurs laboratoires d'une même région administrative dans le cadre d'appels d'offres régionaux, différents types d'universités partenaires du Nord et du Sud en contexte de projets européens par exemple, à la consigne d'impliquer des chercheurs de diverses disciplines ou des partenaires autres qu'universitaires (acteurs locaux, structures publiques, ONG, etc.) dans un nombre grandissant d'appels à projets valorisant la recherche-action (exemple de l'appel à projets annuel de la Fondation de France sur *Les Futurs des Mondes du littoral et de la mer*[5]).

Plus précisément, comment faire fonctionner l'approche multi-partenariale (public/privé) imposée par certains appels à projets ? Dans ce numéro, Johnny Douvinet et ses coauteurs, à partir de l'exemple de travaux de recherche menés sur les systèmes d'alerte à la population en France associant un grand nombre d'acteurs publics et privés, montrent combien le pilotage et le fonctionnement de ces collectifs sont rendus complexes compte tenu de la diversité des approches, des enjeux et des attendus. Si pour les acteurs opérationnels, les objectifs sont avant tout de réussir à mettre en œuvre des procédures et des outils concrets, ils consistent plutôt pour les chercheurs à comprendre les conditions et les réactions des individus qui vont jouer sur l'efficacité de l'alerte. Ainsi, selon eux,

---

5 https://www.fondationdefrance.org/fr/appels-a-projets/les-futurs-des-mondes-du-littoral-et-de-la-mer
Cet appel à projets « vise les projets portés par des alliances rassemblant la société civile (organisée sous forme associative par exemple ou des groupes informels d'habitants), des acteurs de la recherche, des collectivités territoriales et autres instances publiques et/ou des acteurs privés, lucratifs ou non ».

la confrontation à l'opérationnalité peut contraindre les chercheurs à avoir une position d'expertise, au détriment de la production de nouvelles connaissances plus fondamentales ou de questionnements plus théoriques. Ils s'interrogent même jusqu'à quel point les orientations de recherche sont conditionnées par le cadre opérationnel des appels à projets.

Plus concrètement, quand le partenaire non académique a souvent tendance à préférer une production de livrables à court terme, avant la fin du programme, l'équipe de chercheurs peut quant à elle se laisser un temps plus long de valorisation, avec des productions scientifiques pouvant être publiées plusieurs années après la fin du programme. Le cas des Appels à Projets SHS liés à la Covid-19 a ainsi offert un décalage marqué entre des « appels d'offres à rendu immédiat », lancés avec une forme d'urgence, et le temps long nécessaire à la réflexion interdisciplinaire qui était pourtant souhaitée sur le sujet. Le rythme des AAP, superposé à la tendance de fond d'accélération du rythme de la recherche, modifie ainsi les pratiques des enseignants-chercheurs, qui parviennent difficilement à concilier les temps de recherche, d'enseignement et de gestion administrative et peuvent être amenés à privilégier des filières courtes dans la production et la valorisation de la recherche.

Si les incidences de ces *consortia* hétérogènes peuvent créer des frustrations pour les collègues statutaires, celles-ci peuvent être autrement plus problématiques pour les thèses menées au sein des programmes.

2.2 Réaliser sa thèse au sein d'une équipe projet : une articulation complexe

La réalisation d'un travail de thèse au sein d'un collectif de recherche peut être très valorisante pour un doctorant qui expérimente ainsi, au contact de chercheurs de diverses disciplines mais également d'acteurs privés associés, les bienfaits d'une véritable stimulation intellectuelle. C'est notamment ce que Quentin Rivière et ses coauteurs soulignent dans ce numéro, lorsqu'ils évoquent la fécondité des interactions scientifiques et opérationnelles et la richesse de la confrontation des savoirs au sein d'une équipe, pour le plus grand bénéfice du doctorant. Par ailleurs, l'intégration d'un doctorant à une équipe multipartenariale permet à ce dernier d'accéder à des réseaux d'acteurs, des bases de données voire des terrains auxquels l'accès aurait été compliqué dans un contexte plus individuel. Pour autant, l'articulation d'une recherche doctorale avec celle d'une équipe de recherche reste problématique à plus d'un titre.

La stimulation évoquée plus haut peut avoir comme revers l'introduction d'un rapport de domination numérique et intellectuelle entre les chercheurs relativement expérimentés et le doctorant qui peut se sentir inférorisé par des légitimités scientifiques plus affirmées (Bernard, 2021, p. 210). Cette situation peut être à l'origine de remises en question plus ou moins récurrentes et inconfortables du doctorant qui a parfois du mal à trouver sa place au sein de l'équipe et qui peut être confronté au syndrome de l'imposteur (*cf.* Quentin Rivière *et al.* dans ce numéro).

Ces derniers présentent également l'articulation entre un travail de thèse et un collectif de recherche comme un nexus entre l'objet d'étude du doctorant, les intérêts scientifiques de l'équipe de recherche et la volonté du partenaire non académique de mener à bien une opération concrète. Si les intérêts semblent pouvoir converger aisément au sein de ce triptyque, la coopération peut être entravée par des divergences de temporalités (*cf. supra*). Entre le temps de la recherche partenariale et celui de la recherche académique, le doctorant reste avant tout focalisé sur la finalisation de la thèse, dans des délais aussi proches que possibles des trois années de la durée officielle. Cette position peut être source de frottements toujours préjudiciables pour le travail en équipe en général, et plus particulièrement pour l'avancement d'une thèse. Des tensions peuvent également naître d'un rapport différencié au terrain, où les temporalités généralement plus longues et plus lentes du doctorant percutent celles définitivement plus condensées et rapides des partenaires non académiques, mais aussi d'enseignants-chercheurs pris dans le cycle de vie très court des AAP. Dans le cadre d'une démarche qualitative, il n'est pas rare en effet qu'un doctorant prenne le temps d'une immersion de plusieurs mois sur le terrain, qui s'accommode mal, lorsque l'équipe du programme le rejoint, avec le rythme nécessairement plus expéditif de celle-ci (Bernard, 2021, p. 209)[6].

Enfin, la conduite collective d'une recherche pose la question de l'emploi du « je » dans la rédaction de thèse. À l'heure où nombre de chercheurs se réclament des « savoirs situés » formalisés par Donna Haraway (1988) et assument, revendiquent leur subjectivité dans l'analyse scientifique, l'usage de la première personne du singulier s'est fortement développé dans l'écriture de thèse. Or, au-delà de la pluralité des identités contenues dans le « je » (Rose, 1997), comment en justifier pleinement l'usage lorsqu'une partie des matériaux et des analyses mobilisés dans une recherche doctorale est le fruit d'un travail d'équipe, « comme si la dimension collective de tout travail de recherche pouvait être négligée » (Milhaud, 2006, p. 4) ?

2.3 L'injonction de l'inter/intra-disciplinarité en question(s)

Enfin, le consensus qui s'est peu à peu imposé sur la nécessité de renforcer la pluri, voire l'inter-disciplinarité au sein des collectifs de recherche, a de multiples implications. Les organismes de financement ont en effet récemment pris conscience de l'apport des travaux menés aux interfaces disciplinaires. Les comités d'évaluation de l'ANR, ou encore les instances du CNRS (Mission pour les initiatives transverses et interdisciplinaires) s'adaptent pour encourager et financer les démarches interdisciplinaires, considérées comme nécessaires pour répondre aux enjeux contemporains (Leblanc *et al.*, 2019). Face à une définition souvent floue de l'interdisciplinarité et à une mise en œuvre pratique qui reste complexe, les programmes interdisciplinaires font face aux mêmes risques que dans les autres

---

6   Nous tenons ici à remercier Sarah Bernard pour le partage de son expérience de doctorante sur le terrain au sein d'une équipe de recherche et pour sa participation à la relecture de ce papier.

AAP, à savoir celui du maintien d'une « science normale », s'appuyant toujours sur les mêmes paradigmes. Les travaux menés par les Commissions Inter Disciplinaires du Comité National de la Recherche Scientifique montrent la nécessité d'une vigilance face aux discours concernant l'interdisciplinarité, « qui ne sauraient être à l'abri de leur propre redondance et autres effets de mode » (Leblanc *et al.*, 2019). Dès lors, comment faire dialoguer efficacement et heuristiquement les disciplines et instaurer une véritable interdisciplinarité qui ne soit pas de façade et qui soit autre chose que la juxtaposition d'intérêts disciplinaires cloisonnés (Aspe et *al.*, 2018) ? Avec ses coauteurs, Johnny Douvinet (dans ce numéro) montre que ces collaborations interdisciplinaires sont fructueuses mais nécessitent un temps de maturation pour construire un référentiel commun (définition des objets d'étude, vocabulaire) difficilement compatible avec des projets ayant une durée de vie courte.

Au sein de ces arsenaux interdisciplinaires, les enjeux pour la géographie ne sont pas minces car ils sont susceptibles d'engendrer des forces centrifuges, identifiées dès la décennie 1980 (Dollfus, 1989). Il est donc nécessaire de questionner dans quelle mesure, au sein même de la géographie, la valorisation de l'interdisciplinarité exigée dans la plupart des appels à projets peut affecter le dialogue entre les versants expérimental et social, quantitatif et qualitatif, de la discipline. Pour cela, les textes soumis dans le cadre d'appels à projets peuvent offrir une photographie des relations inter- mais aussi intradisciplinaires. Correspondant à une phase amont de l'effectuation d'une recherche, ils permettent de mettre en avant pour quelles compétences la géographie est sollicitée, et d'aider à définir le « tronc commun » de la géographie cher à Olivier Dollfus. À travers le cas de la thématique environnementale, Étienne Cossart (dans ce numéro) documente comment la géographie peut être mobilisée au sein de vastes *consortia* pour formuler de nouvelles hypothèses de travail, proposer des développements méthodologiques, confirmer ou non des postulats formulés par d'autres disciplines. En miroir, il souligne également le potentiel des collaborations intradisciplinaires, finalement peu favorisées dans les logiques de programme.

Les effets des programmes de recherche sont multiples à l'échelle des laboratoires comme à celle des équipes. Toutefois, dans le cas de disciplines de terrain comme la géographie, ce travail *in situ* est lui-même affecté dans son mode opératoire par cette logique d'équipe.

3 Quand les équipes de chercheurs débarquent sur le terrain

La généralisation du mode équipe projet questionne les modalités de la recherche sur le terrain avec lequel les géographes entretiennent une relation qui a certes beaucoup fluctué dans le temps, mais qui n'en reste pas moins « l'étalon auquel chacun rapporte ses pratiques » (Calbérac, 2010, p. 250). Si ces derniers l'ont en effet longtemps pratiqué de manière solitaire, ils doivent aujourd'hui le repenser en inventant de nouveaux modes de fonctionnement capables de concilier la nécessité de l'individualisation propre à l'approche qualitative et la collégialité inhérente à tout programme collectif.

Outre la richesse et la fécondité de l'interdisciplinarité évoquées plus haut, soulignons d'emblée combien la mobilisation d'une équipe de chercheurs sur le terrain constitue un atout indéniable, notamment en ce qu'elle permet d'élargir de manière très conséquente le corpus des entretiens. Cet aspect est très bien mis en évidence par Sarah Bernard (2021) qui compare la soixantaine d'entretiens qu'elle avait réalisés, seule, pendant deux mois de terrain de thèse, avec la trentaine conduite en seulement dix jours par sept chercheurs impliqués dans le programme de recherche ENVId'îles[7].

L'apport n'est pas uniquement d'ordre quantitatif, il est aussi qualitatif : « Si les membres de l'équipe se séparent en journée pour mener des entretiens à plusieurs endroits de l'île et avec différentes personnes, les retrouvailles le soir sont autant de moments de partage pour « débriefer » la journée, interroger le terrain selon les différents points de vue et les entretiens vécus et requestionner ainsi les hypothèses » (*ibid.*, p. 206). La recherche en équipe sur le terrain produit de fait les conditions d'une intelligence collective nourrissant sur place la démarche hypothético-déductive et donnant lieu à des temps simultanés de réflexion et de réflexivité permettant, de façon très réactive, d'enrichir le travail d'enquête.

Toutefois, la gestion sur le terrain d'une équipe de recherche plurielle dans ses disciplines, ses méthodologies, ses sensibilités, voire ses légitimités scientifiques reste d'autant plus complexe que le nombre de chercheurs est élevé et que les approches et sensibilités scientifiques et personnelles ne sont pas nécessairement les mêmes.

3.1 Le terrain au risque de la surétude

Le premier risque est celui de la surétude[8], entendue comme un « phénomène de surinvestissement que les disciplines des sciences sociales infligeraient à certains terrains, objets ou groupes » (Chossière *et al.*, 2021, p. 6). Définir la situation de surétude reste complexe et, pour tout dire, finalement secondaire au regard de l'importance des enjeux qu'elle soulève. « Il semble plus intéressant de se pencher sur la surétude comme un processus inhérent aux formes contemporaines de production du savoir, qu'elle permet de questionner, que de chercher à établir une liste de critères figés permettant de qualifier un état » (*ibid.*, p. 8). De fait, désormais totalement inféodées au processus de réponse aux appels d'offres et

---

7   Le programme de recherche ENVId'îles, financé par la Fondation de France (2017-2023), explore le lien entre les néo-arrivants qui s'installent (ou reviennent) dans les îles périphériques de Polynésie française et l'environnement. Celui-ci semble jouer un rôle grandissant, à la fois comme ressource pour le développement d'activités fondées sur des ressources naturelles, et/ou comme cadre de vie pour des individus qui lui accordent une place importante dans leur projet de vie. Parallèlement, ces nouvelles installations impactent l'environnement, en contribuant à sa préservation ou à sa dégradation selon les situations.

8   Voir le numéro thématique « Les enjeux de la surétude en sciences sociales », *Annales de géographie*, 2021/6 (N° 742), coordonné par Florent Chossière, Pierre Desvaux et Alex Mahoudeau.

à la constitution d'équipes de chercheurs, les modalités contemporaines de la production scientifique se traduisent par l'investissement, souvent problématique, de terrains de recherche par un grand nombre de chercheurs.

Dans leur communication au titre évocateur « Ouessant et les 40 sociologues » (Roux & Charrier, 2019), les deux chercheuses pointaient déjà, dans un contexte de sortie de terrain d'étudiants en sociologie de 2ᵉ année, le risque de déséquilibre entre la population à enquêter (environ 830 habitants en 2020) et un groupe d'une quarantaine d'enquêteurs. La présence répétée d'un ou plusieurs groupes de chercheurs sur le terrain peut conduire en effet à générer des sentiments de lassitude, de fatigue, voire de méfiance ou de colère au sein des populations enquêtées (Clark, 2008). Ceci est particulièrement vrai dans des contextes de recherche portant sur des espaces ou des groupes de petite taille, ou dans des situations de marginalisation, de crise ou d'urgence. Les recherches conduites par exemple dans des camps de réfugiés (Pascucci, 2017) ou dans des centres de rétention pour migrants (Bernardie-Tahir et Schmoll, 2012) soulèvent des questions éthiques autour de pratiques qui peuvent être considérées comme intrusives, voire violentes, par des groupes particulièrement vulnérables. À cet égard, le dispositif Flash de l'ANR[9], activé en octobre 2017 juste après le passage de quatre ouragans (*Irma*, *Harvey*, *José*, *Maria*) d'une rare intensité en l'espace d'un mois sur le golfe Caraïbe, est édifiant. Pas moins de quatre gros projets de recherche (APRIL, DéPOs, ReLeV, TIREX), rassemblant une vingtaine de partenaires scientifiques et techniques, furent sélectionnés dans le cadre de cet appel d'offres inédit, déployant entre 2018 et 2021 près d'une centaine de chercheurs principalement sur les petites îles de Saint-Martin et Saint-Barthélemy[10]. Effectuant au même moment ses recherches de thèse sur la problématique de la reconstruction post-catastrophe à Saint-Martin, Marie Cherchelay (2022) témoigne de la difficulté à mener des enquêtes dans une telle situation de surétude, en pointant à la fois le contexte dramatique de la post-catastrophe (15 décès et 95 % du bâti endommagé) et l'asymétrie des relations entre les enquêteurs (blancs et métropolitains dans leur immense majorité) et les enquêtés saint-martinois en situation d'urgence et de dépendance à l'égard des pouvoirs publics français.

Enfin, la concentration de chercheurs sur un terrain et sur une thématique spécifique peut provoquer des biais non négligeables en familiarisant les populations enquêtées à des questionnements récurrents qu'elles intègrent progressivement dans leurs discours et dans les réponses qu'elles apportent aux chercheurs. C'est ainsi que le très grand nombre de programmes de recherche sur le réchauffement climatique déployés sur quelques petites îles du Pacifique a peu à peu construit

---

9 https://anr.fr/fr/lanr/instruments-de-financement/flash/

10 https://anr.fr/fr/actualites-de-lanr/details/news/colloque-ouragans-2017-catastrophe-risque-et-resilience-les-21-et-22-novembre-2022/Cet appel à projets de recherche thématique était centré sur les questions de vulnérabilité, de reconstruction, de relève et de résilience des systèmes sociaux, économiques et écologiques face aux aléas météorologiques extrêmes.

un « discours officiel » restitué par la plupart des populations enquêtées qui affichent une grande inquiétude sur les effets à venir de l'élévation du niveau marin. Dans sa thèse portant sur les îles Cook, David Glory (2021) montre en réalité la coexistence de ce discours officiel, obtenu au cours d'entretiens formels auxquels les populations insulaires se prêtent inlassablement avec beaucoup de sérieux et d'application, et d'un discours officieux, capté au cours de moments informels, qui traduit au contraire un certain détachement vis-à-vis d'un sujet qui reste pour elles abstrait et finalement très secondaire.

3.2 L'éthique de la recherche et l'esprit d'équipe

Dans le cadre d'une approche qualitative, les modalités d'une recherche collective sur le terrain nécessitent également de reconsidérer les pratiques afin de tenter de concilier l'intimité créée entre le chercheur et les personnes enquêtées et la collégialité du fonctionnement du programme. Bien entendu, la recherche en équipe n'impose pas la conduite collective d'entretiens individuels et ne signe pas la fin du binôme « enquêteur/enquêté ». Lorsque d'aventure plusieurs chercheurs se retrouvent ensemble sur le terrain, il est en effet préférable que ceux-ci se dispersent afin de recréer des moments d'écoute privilégiés avec chaque enquêté (Schmoll et Morange, 2016). Car recueillir des récits de vie suppose la neutralisation des éventuelles asymétries de pouvoir et l'établissement préalable d'un lien de confiance réciproque qui, seul, peut autoriser l'enquêté à se laisser aller à raconter des morceaux de vie intimes, parfois délicats ou difficiles. Dans le cadre du programme de recherche ENVId'îles évoqué plus haut, un des axes portait sur le retour de Polynésiens dans leur île d'origine et les conditions de leur réintégration dans une vie insulaire marquée par un fort contrôle social et/ou familial. Dans un entretien, une jeune femme de Raiatea revenue sur l'île après avoir vécu une dizaine d'années en Europe, parle avec nostalgie de sa vie à Bordeaux et des difficultés de son retour dans la famille, des injonctions sociales et de la perte d'anonymat (Bernard, 2021).

Conduit par Nathalie Bernardie-Tahir et retranscrit par Sarah Bernard, cet entretien pose question à plus d'un titre : « À qui cette jeune femme décide-t-elle de se confier ? Est-elle en confiance avec cette enquêtrice en particulier ? Le serait-elle avec quelqu'un d'autre ? [...] Dans ce cas, suis-je vraiment légitime pour le retranscrire alors qu'il « ne m'appartient pas ? » (Bernard, 2021, p. 208). De plus, que penser de la préservation de la confidentialité de ces propos lorsque l'entretien est versé, comme tous les autres, sur la plateforme collaborative de l'équipe et donc en libre accès pour chacun des membres ?

Par ailleurs, une même grille d'entretien partagée entre plusieurs chercheurs ne sera pas déroulée de la même manière, chaque échange entre un enquêteur et un enquêté instituant des dynamiques d'intersubjectivité dont il faut absolument tenir compte et qui rendent les entretiens peu comparables entre eux : « L'enquêteur en terrain qualitatif (à la différence de la posture quantitative) n'est pas interchangeable : ses hypothèses et questionnements sont empreints de sa propre subjectivité, de son point de vue sur le monde, de ses normes, sentiments et intérêts » (Schmoll & Morange, 2016, p. 28). Les méthodes plus expérimentales, y compris en métrologie de terrain, posent les mêmes problèmes, à la seule nuance que les biais peuvent être quantifiés. En effet, même sur des mesures simples et objectives, des biais de lecture et d'échantillonnage créent des marges d'erreur non négligeables dès qu'il s'agit d'assembler des données acquises par différents opérateurs. Dans ces conditions, quelle pertinence scientifique y a-t-il à analyser de manière globale et comparative un ensemble d'entretiens ou de protocoles menés par différents chercheurs au sein d'une équipe projet ?

4 Conclusion

Un dénominateur commun aux retours d'expérience est la question du temps : la recherche sur programme contribue à l'accélération du rythme de la recherche, que ce soit en imposant une cadence via le cycle des appels à projets, ou en démultipliant les missions périphériques à la recherche proprement dite (management, reporting, réunions, justification budgétaire). Ce constat confirme les premiers retours d'expérience issus de la *slow science* (Candau, 2023). De ce rapide bilan, sans doute peut-on retenir que doit demeurer, aux côtés d'une recherche sur programme, une recherche affranchie de ce cadre qui puisse garder tout son potentiel d'innovation. Pour cela deux conditions doivent être réunies : la première est de maintenir un niveau suffisant des dotations récurrentes des laboratoires ; la seconde est d'être collectivement vigilant.es, dans le cadre d'une évaluation par les pairs, à décorréler l'évaluation de la qualité d'une recherche de celle de l'obtention de programmes labellisés.

Université de Limoges
Geolab — UMR 6042
39E rue Camille Guérin
87036 Limoges Cedex
nathalie.bernardie-tahir@unilim.fr

Université Jean Moulin (Lyon 3)
EVS – UMR 5600 du CNRS
1C, avenue des Frères Lumière - CS 78242
69372 LYON CEDEX 08
etienne.cossart@univ-lyon3.fr

Bibliographie

Aspe, C., Jacque, M. (2018), « D'une démarche interdisciplinaire porteuse de critique à l'intégration de la critique par l'interdisciplinarité ? », *Revista Ideaçao*, Universidade Estadual de Feira de Santana (Brésil), Letras e Saúde. v. 20 n° 1, p. 65-75, https://hal.archives-ouvertes.fr/hal-02284222

Bernard, S. (2021), *S'installer et vivre en Polynésie Française : Mobilités et recompositions territoriales : L'exemple de Ra'iatea (Îles-sous-le-Vent) et Rurutu (Australes)*, Thèse de doctorat de géographie, Université de Limoges, 460 p.

Bernardie-Tahir, N., Schmoll, C., (2012), « La voix des chercheur(e)s et la parole du migrant », *Carnets de géographes* [En ligne], 4 | 2012, mis en ligne le 1er septembre 2012, URL : http://journals.openedition.org/cdg/1000 ; DOI: https://doi.org/10.4000/cdg.1000.

Calbérac, Y. (2010), *Terrains de géographes, géographes de terrain. Communauté et imaginaire disciplinaires au miroir des pratiques de terrain des géographes français du XXe siècle*. Thèse de Géographie, Université Lumière — Lyon II, 392 p.

Cherchelay, M. (2022), *Reconstruire le territoire après une catastrophe naturelle : enjeux, jeux d'acteurs et rapports de pouvoir : Le cas de Saint-Martin (Antilles françaises)*, Thèse de doctorat de géographie, Université de Limoges, 480 p.

Chossiere, F., Desvaux, P., Mahoudeau, A. (2021), « La recherche de trop ? Configurations et enjeux de la surétude », *Annales de géographie*, 2021/6 (N° 742), p. 5-19.

Clark, T., (2008), « « We're over-researched here ! » : exploring accounts of research fatigue within qualitative research engagements », *Sociology*, vol.42, n° 5, p. 953-970.

Candau, J. (2023), « *Slow science* : l'appel de 2010 douze ans après », *Socio*, 17, p. 37-46.

Dollfus, O. (1989), « Du sens et de l'unité de la géographie », *L'Espace géographique*, v. 18 t. 2, p. 89-91.

Fayol, M., (2017), « L'ANR et la recherche en sciences cognitives », *Mélanges de la Casa de Velázquez* [En ligne], 47-1 | 2017, mis en ligne le 1er janvier 2018. http://journals.openedition.org/mcv/7541.

Frances J., Le Lay S. (2012), « Qui veut la peau de la recherche publique ? », *Mouvements*, 2012/3 (n° 71), p. 7-11. URL : https://www.cairn.info/revue-mouvements-2012-3-page-7.htm

Giry, J., Schultz, E., (2017), « L'ANR en ph(r)ase critique. Figures et déterminants de la critique d'un dispositif de financement », *Zilsel*, 2017/2, n° 2, p. 63-96. URL: https://www.cairn.info/revue-zilsel-2017-2-page-63.htm

Glory, D., (2021), *Quand les changements se font attendre. Usages et impacts des discours sur le changement climatique à Ma'uke et Manihiki (îles Cook)*, Thèse de doctorat en Anthropologie Sociale et en Ethnologie, EHESS, https://www.theses.fr/.

Gosselain, O. P. (2011), « Slow Science – La désexcellence », *Uzance*, vol. 01, p. 129-140. https://www.researchgate.net/publication/268345108_Slow_Science_-_La_desexcellence/link/553b55be0cf29b5ee4b67742/download

Haraway, D.J. (1988). « Situated Knowledges: The Science Question in Feminism and the Privilege of Partial Perspective », *Feminist Studies*, vol. 14, n° 3, p. 575-599.

Hessels, L. K., Van Lente, H., *et al.* (2009), « In search of relevance: the changing contract between science and society », *Science and Public Policy*, 36(5), p. 387-401.

Hubert, M., Chateauraynaud, F., Fourniau, J.-M. (2011), « Les chercheurs et la programmation de la recherche : du discours stratégique à la construction de sens », *Quaderni*, n° 77, p. 85-96.

Hubert, M., Louvel, S. (2012), « Le financement sur projet : quelles conséquences sur le travail des chercheurs ? », *Mouvements*, La Découverte, 2012/3, n° 71, p. 13-24.

Leblanc C., *et al.* (2019), « CID 52 Environnements sociétés : du fondamental à l'opérationnel », *Rapport de conjoncture 2019 du CoNRS*, https://rapports-du-comite-national.cnrs.fr.

Louvel, S. (dir.) (2012), « L'évaluation de la recherche : pour une réouverture des controverses », *Quaderni*, Maison des Sciences de l'Homme, n° 77, hiver 2011-2012, 130 p.

Milhaud, O. (2006), « La géographie, la prison et l'éthique. Prestige et vertige de l'injustice », *Communication présentée au colloque "L'espace social : méthodes et outils, objets et éthique(s)"*, Rennes, http://eegeosociale.free.fr/IMG/pdf/MilhaudEthique.pdf

Morange, M., Schmoll, C. (2016), *Les outils qualitatifs en géographie. Méthodes et applications*. Armand Colin, « Cursus », 224 p.

Neyland, D. (2007), « Achieving Transparency: The Visible, Invisible and Divisible in Academic Accountability Networks », Organization, 14(4), 2007, p. 499-516.

Noûs, C. (2020), « Slow Science – la désexcellence », Genèses, 2020/2 (n° 119), p. 199-208. https://www.cairn.info/revue-geneses-2020-2-page-199.htm.

Pascucci, E. (2017), « The humanitarian infrastructure and the question of over-research : re-flections on fieldwork in the refugee crisis in the Middle East and North Africa », Area, vol. 49, n° 2, p. 249-255.

Piponnier, A. (2014), « Le projet dans les pratiques de recherche. Pour un retour réflexif et critique sur nos engagements », Sciences de la société [En ligne], 93 | 2014, mis en ligne le 1er juin 2016, http://journals.openedition.org/sds/2365.

Renaud, C. (2012), « L'émergence de la recherche contractuelle : vers une redéfinition du travail des chercheurs ? », Mouvements, vol. 71, p. 66-79,

Roddaz, J.-M. (2017), « Le financement de la recherche sur projets : pourquoi et comment ? », Mélanges de la Casa de Velázquez [En ligne], 47-1 | 2017, mis en ligne le 1er janvier 2018. URL : http://journals.openedition.org/mcv/7539

Roux, N., Charrier, G. (2019), « Ouessant et les 40 sociologues ! Faire une Grande Enquête de Terrain : questionner la spécificité insulaire », Communication Colloque îles 2019, Brest.

Schultz, E. (2013), « Le temps d'un projet », Temporalités [En ligne], 18 | 2013, mis en ligne le 19 décembre 2013, URL : http://journals.openedition.org/temporalites/2563.

Servais, P. (éd) (2011), L'évaluation de la recherche en sciences humaines et sociales : Regards de chercheurs. Louvain-la-Neuve : Éditions Bruylant-Académia.

Signoles, P. (2017), « Avantages et inconvénients du système de financement de la recherche sur projet », Mélanges de la Casa de Velázquez [En ligne], 47-1 | 2017, mis en ligne le 1er janvier 2018. URL : http://journals.openedition.org/mcv/7545.

Théry-Parisot, I. et al. (2019), « Section 31 Homme Milieux : évolution, interaction », Rapport de conjoncture 2019 du CoNRS, https://rapports-du-comite-national.cnrs.fr.

Touret, R., Meinard, Y., Petit, J.-C. et al. (2019), « Cartographie descriptive du système national français du financement de la recherche sur projet en vue de son évaluation », Innovations, 2019/2, n° 59, p. 205-241. URL : https://www.cairn.info/revue-innovations-2019-2-page-205.htm

Trouche, D., Courbieres, C. (2014), « La recherche sur projet en sciences humaines et sociales : lieux, stratégies et contenus », Sciences de la société [En ligne], 93 | 2014, mis en ligne le 1er juin 2016. URL : http://journals.openedition.org/sds/2284.

Recherches sur programmes : enjeux scientifiques intra- et interdisciplinaires en géographie de l'environnement

Programme research: intra- and interdisciplinary scientific issues in environmental geography

Étienne Cossart

Professeur, Université Jean Moulin (Lyon 3), Laboratoire Environnement Ville Société (UMR 5600 du CNRS)

Résumé	Une conséquence déjà bien documentée de la recherche sur programmes est celle de la prise en compte accrue des « intérêts de la société » dans les questions de recherche (Gibbons et al., 1994 ; Hubert et al., 2011). Dans le champ thématique de l'environnement, cette conséquence revêt la forme d'une injonction au développement de stratégies de remédiation, dans le contexte des changements environnementaux contemporains et à venir. Pour y parvenir malgré la complexité des questions environnementales, l'interdisciplinarité est largement promue (Leblanc et al., 2019) et constitue souvent un critère d'éligibilité explicite dans les appels à projets. Sur la base d'un corpus de programmes, nous identifions les relations scientifiques interdisciplinaires qui mobilisent la géographie. Une typologie en trois principales catégories est proposée et nous présentons les objectifs qu'elles visent. Toutefois, nous montrons également que cette injonction à l'interdisciplinarité peut entraver les collaborations intradisciplinaires entre (*i*) les géographes qui peuvent être tourné.e.s vers les « humanités environnementales », dont les pratiques mobilisent les cadres et méthodes des sciences sociales, et (*ii*) celles et ceux tourné.e.s vers les « géosciences », dont les pratiques s'inscrivent dans les sciences expérimentales. Chaque champ intradisciplinaire à la géographie peut ainsi être renvoyé à ses propres cadres de pensées habituels, pouvant ralentir les efforts mis en œuvre pour réunir l'ensemble de la communauté des géographes travaillant sur les questions environnementales.
Abstract	*A well-documented consequence of programme-based research is the increased consideration of 'societal interests' in the scientific issues (Gibbons et al., 1994 ; Hubert et al., 2011). In the thematic field of the environment, an injunction to develop remediation strategies in the context of contemporary and future environmental changes is observed. To achieve this despite the complexity of environmental issues, interdisciplinarity is widely promoted (Leblanc et al., 2019) and is often an explicit eligibility criterion in Calls for Projects. From a set of programmes, we propose three main scientific relationships that involve geography. We also define their objectives. However, we also show that this injunction to interdisciplinarity can hinder intra-disciplinary collaborations between (i) geographers who may be oriented towards the 'environmental humanities', whose practices are based upon the frameworks and methods of the social sciences, and (ii) those who are oriented towards the 'geosciences', whose practices are part of the experimental sciences. Each intra-disciplinary field of geography can thus be referred to its own usual conceptual frameworks, which can slow down the efforts to bring together the whole community of geographers working on environmental issues.*

Mots-clefs géographie, géographie physique, géographie de l'environnement, interdisciplinarité, intradisciplinarité

Keywords *geography, physical geography, environmental geography, interdisciplinarity, intradisciplinarity*

Porter une attention sur les programmes de recherche et leurs impacts sur les pratiques scientifiques dans le champ des études environnementales est l'occasion de faire un bilan des forces centrifuges et centripètes qui animent la communauté des géographes de l'environnement. En effet, depuis son essor comme science à la fin du XIXe siècle, la géographie est apparue commune une discipline charnière entre les sciences dites à l'époque naturelles, et les sciences sociales. Cette position, directement héritée de la géographie vidalienne, peut paraître enviable de prime abord et a par exemple valu à la géographie les qualificatifs de « science globale » (Bertrand et Tricart, 1968) ou encore de « science carrefour » (Claval, 1993). Ces termes sont aujourd'hui encore mobilisés dans les écrits ou les exposés de géographes de l'environnement. En effet, dans un contexte thématique qui promeut l'interdisciplinarité, les géographes sont souvent considéré.e.s comme des passeur.e.s, et la géographie est quant à elle mobilisée au sein d'un vaste arsenal de collaborations (Joly, 1989 ; Goeldner-Gianella, 2010 ; Alexandre et Génin, 2016). Ce constat ne doit toutefois pas occulter une spécificité de la géographie de l'environnement : celle d'être différenciée à l'échelon intradisciplinaire, entre une géographie physique ou biophysique, et une géographie humaine, sociale, de l'environnement (Dufour et Lespez, 2019).

Dans la mesure où l'interdisciplinarité est souvent un critère d'éligibilité explicite dans les appels à projets, les programmes de recherche peuvent contribuer à produire une photographie actualisée des collaborations effectives au sein des études environnementales (Leblanc *et al.*, 2019). De façon concrète, les programmes peuvent révéler, aussi exhaustivement que possible, avec quelles disciplines la géographie est associée, et aider à la hiérarchisation de la fréquence de ces liens. Les programmes de recherche ayant l'intérêt de formaliser, au plus près de la pensée des chercheur.es, les questionnements initiaux et problématisations temporaires émergentes, ils révèlent la dynamique heuristique qui anime un champ de recherche. Leur examen permet ainsi de discuter quelle est la place actuelle de la géographie parmi les autres disciplines des sciences de l'environnement, considérées ici dans un spectre large associant les sciences expérimentales et les humanités environnementales. Ce bilan des interactions interdisciplinaires est mis en regard avec la fréquence des collaborations intradisciplinaires entre géographie physique et géographie humaine de l'environnement. Nous émettons l'hypothèse que cette mise en regard des dynamiques intra- et interdisciplinaires peut aider à l'identification des cadres théoriques et méthodologiques propres à la discipline et suffisamment stables pour permettre le dialogue interdisciplinaire.

Pour cela, l'objectif est également d'essayer de préciser la nature des relations scientifiques mises en place entre la géographie et les disciplines connexes. Au-delà des termes très génériques qui proposent une « articulation » ou une « approche intégrée », les programmes de recherche peuvent éclairer les niveaux auxquels les collaborations inter- et intradisciplinaires interviennent. Nous tentons, dans cet article, d'en dresser une typologie et de mettre en avant les apports pour lesquels les géographes de l'environnement sont sollicité.es. Ce travail se fonde pour cela sur l'analyse de programmes de recherches développés sur 4 sites universitaires sur la période 2019-2022 et l'analyse qualitative de 2 programmes, elle-même réalisée à partir d'entretiens avec les chercheur.es qui les portent et les animent.

1 Les traditions de recherche en géographie de l'environnement

Depuis quelques années, les géographes de l'environnement réfléchissent aux modalités de renforcement d'un espace intradisciplinaire en géographie (Chartier et Rodary, 2016 ; Dufour et Lespez, 2019). Dès 1989, Olivier Dollfus (1989) souligne d'ailleurs la situation singulière de la géographie, à la fois érigée comme discipline carrefour parmi le concert des sciences environnementales connexes, mais également affectée par un manque d'unité intradisciplinaire. Il rappelle que cette situation présupposée de « science carrefour » peut constituer une menace pour la discipline car, en maximisant les contacts et l'introduction d'apports des disciplines voisines, les géographes peuvent en venir à oublier ce que serait le tronc supposé commun de la géographie. Plusieurs synthèses permettent de retranscrire les étapes de cette trajectoire complexe des approches environnementales en géographie (Beltrando, 2010 ; Kull et Batterbury, 2017 ; Lespez et Dufour, 2021), et il ne s'agit donc pas dans cet article d'apporter un éclairage supplémentaire. Nous cherchons en revanche à discuter comment les différentes traditions de recherche en géographie de l'environnement s'articulent entre elles, puis avec d'autres disciplines, et ce de façon concrète au sein de programmes de recherches. Sans refaire l'exégèse de cette différenciation, nous retenons la subdivision usuelle entre d'une part une géographie physique (ou également appelée biophysique), et une géographie humaine, ou sociale, de l'environnement (Hautdidier, 2016 ; Lespez et Dufour, 2021). Nous précisons les contours thématiques que nous avons retenus dans le cadre de ce travail.

Tout d'abord, la géographie physique aborde les enjeux environnementaux à l'aune de la dynamique spatio-temporelle des processus qui animent les milieux physiques (Théry-Parisot *et al.*, 2019). Par les méthodes mobilisées, ce travail peut se réaliser à deux échelles de temps complémentaires. Sur un temps long, pluriséculaire à plurimillénaire, l'analyse de marqueurs chronostratigraphiques et biochronologiques est réalisée dans des archives biophysiques (sédimentaires, glaciaires, par exemple) et permet de définir les conditions environnementales des sociétés du passé. Sur un temps court, d'échelle pluriannuelle, le développement de méthodes de métrologie de terrain a pour objectif de comprendre l'évolution des milieux en prise avec les changements climatiques, et/ou les forçages anthropiques actuels. Quelle que soit l'échelle de temps, les résultats peuvent documenter les interférences qu'engendrent les sociétés humaines avec le fonctionnement du milieu biophysique : l'humain est intégré dans ces approches aussi bien en tant qu'agent que comme victime des évolutions du milieu (Joly, 1989). *In fine*, la modélisation de ces systèmes environnementaux complexes permet d'expliquer l'émergence de différenciations spatiales dans l'état du milieu.

En complément, la géographie humaine de l'environnement propose quant à elle des approches initialement issues du constructivisme, c'est-à-dire fondées sur l'hypothèse que le réel (et ici le milieu) est mis en perspective en fonction de notre vécu et de nos représentations (Lespez et Dufour, 2021). Plusieurs écoles de pensées, ancrées dans le champ des humanités environnementales, ont progressivement enrichi ce champ. Par exemple, l'écologie culturelle éclaire les modalités d'agencement et d'aménagement du milieu par le biais de pratiques, d'usages, décrits et documentés localement par des méthodes de terrain aussi bien qualitatives que quantitatives (Kull et Batterbury, 2017). L'hypothèse de travail sous-jacente est qu'il est nécessaire de mettre en avant le potentiel d'innovation et d'adaptation des savoirs empiriques développés localement par les sociétés, même celles considérées comme marginales ou dominées (Adger, 2006 ; Mortimore, 2010). En complément, la *political ecology* prend en compte la dimension politique des savoirs environnementaux. Elle se focalise sur l'étude des rapports de pouvoir politiques et économiques qui sous-tendent les enjeux environnementaux et qui existent entre les parties prenantes d'un territoire (Blot, 2016 ; Kull et Batterbury, 2017). Ces travaux se fondent notamment sur les analyses de discours pour montrer comment les manières de penser ou encore les cadres culturels influencent les relations de pouvoir et la mise en œuvre d'actions humaines affectant le milieu (Desvallées *et al.*, 2022).

2 Approche macroscopique des programmes de recherche en environnement

2.1 Constitution d'un corpus de programmes de recherche

Nous considérons ici comme programme de recherche toute proposition scientifique coordonnant une action collective répondant aux critères de définition de la recherche publique (code la recherche, article L. 112-1), à savoir : « Le développement et le progrès de la recherche dans tous les domaines de la connaissance ; La valorisation des résultats de la recherche au service de la société, qui s'appuie sur l'innovation et le transfert de technologie ; Le partage et la diffusion des connaissances scientifiques ». Sur la base de cette définition, nous retenons ici les programmes ayant une durée au moins égale à un an, et qui ont fait l'objet d'un soutien financier de la part d'agences ou organismes de recherche. Ce soutien matérialise une forme de reconnaissance institutionnelle, issue d'un travail d'évaluation effectué par les pairs.

Les programmes de recherche sont formalisés en amont des processus de recherche, et sont en cela un complément aux analyses fondées sur les produits de la recherche (voir par exemple Hautdidier, 2016), qui reflètent davantage des savoirs en cours de stabilisation. Dans la mesure où l'objectif de cet article est de préciser la place actuelle de la géographie dans le concert des sciences de l'environnement, et de cerner les tendances dans la façon dont la géographie s'articule avec les sciences connexes, nous nous focalisons sur des programmes récents. La date choisie pour borner cette étude est 2019, année de parution des derniers rapports de conjoncture du Comité National de la Recherche Scientifique (CoNRS). Ces rapports, fondés sur l'expertise des membres des sections, proposent une analyse du paysage de la recherche en précisant aussi bien les questions scientifiques qui émergent que les savoirs qui se stabilisent. Les rapports des sections 31 (Hommes et milieux : évolution, interactions), 39 (Espaces, Territoires, Sociétés) et 52 (Environnement Sociétés : du savoir à l'action) de 2014 et 2019 offrent ainsi un référentiel des directions de recherche, jugées importantes ou prometteuses, qui ont structuré l'activité scientifique dans le champ de l'environnement tout au long de la décennie 2010 (Eckert *et al.*, 2019 ; Maureille *et al.*, 2014 ; Weber *et al.*, 2014 ; Coutard *et al.*, 2019 ; Leblanc *et al.*, 2019 ; Théry-Parisot *et al.*, 2019). Ces rapports constituent ainsi le cadre à partir duquel nous pourrons interpréter les évolutions et tendances actuelles.

Sur la période 2019-2022, il reste toutefois illusoire de rechercher l'exhaustivité dans l'analyse des programmes de recherche en géographie de l'environnement. Nous nous sommes focalisés sur trois sites universitaires (Grenoble, Lyon, Besançon), identifiés dans les rapports de conjoncture de 2019 comme des sites en évolution dans le champ des études environnementales que ce soit par l'apparition de structures fédératives inter-laboratoires (comme des fédérations de recherche) ou des projets de restructurations entre des établissements. L'hypothèse sous-jacente est que les dispositifs de financement proposés à l'échelon de sites, relativement souples, permettent d'être les meilleurs révélateurs des tendances actuelles de la recherche. Certes, cette sélection sur critère géographique peut faire émerger des biais (sur- ou sous-représentation de thématiques dans le corpus) dans la mesure où les sites universitaires français présentent des spécificités scientifiques liées aussi bien à la politique locale qu'à l'héritage d'écoles de pensées. Ils seront discutés, notamment à l'aune des rapports de conjoncture qui constitueront là encore des documents de référence. Dans cette même perspective, nous avons inclus dans nos investigations l'échelon national à travers les programmes (PRC, JCJC) de l'ANR. L'agence demeure l'organisme de référence pour financer des programmes de recherche structurants, à fortes retombées potentielles bien que sans doute moins en rupture que ceux financés localement.

Sur la base du dépouillement des informations accessibles en ligne sur les sites de 8 organismes financeurs, nous avons constitué un corpus de 53 programmes de recherche répondant aux critères suivants : (*i*) problématique environnementale, (*ii*) interdisciplinarité, (*iii*) mobilisation de géographes dans le consortium. Tout programme pour lequel subsistait un doute sur l'un de ces trois critères a été écarté. Parmi les organismes enquêtés, nous avons privilégié ceux qui, à l'échelon de sites universitaires, promeuvent une recherche interdisciplinaire permettant, si ce n'est de créer des ruptures scientifiques, de promouvoir une recherche exploratoire sur des fronts de recherche (Tab. 1).

Tab. 1 Liste des organismes investigués.
List of organisations surveyed.

Organisme financeur	Site universitaire	Montant alloué	Durée	Nombre de programmes
ANR	National	> 200 k€	3 à 4 ans	11
FR BioEEnViS	Lyon	10 k€	1 an	5
ZA Alpes	Grenoble	5 à 7 k€	1 an	9
ZABR	Lyon	30 à 50 k€	3 ans	7
Labex IMU	Lyon	10 à 50* k€	3 ans	4
Labex ITTEM	Grenoble	5 à 20 k€	1 à 2 ans	7
MSH CNL	Besançon	2 à 5* k€	1 an	6
MSH LSE	Lyon	20 k€	1 à 2 ans	4

* : montant déduit des fiches programmes.

2.2 Les relations interdisciplinaires exprimées par les programmes de recherche

À partir de cette base de données, nous avons réalisé un graphe des relations interdisciplinaires (Fig. 1), fondé sur la présence des chercheur.es de différentes disciplines au sein d'un même programme. Il montre d'emblée que la géographie physique et la géographie humaine de l'environnement ont des niveaux de collaborations assez faibles (8 programmes impliquant les deux champs) et structurent des champs de recherche relativement indépendants l'un de l'autre.

Tout d'abord, les programmes impliquant la géographie physique sont principalement associés à des sciences expérimentales : hydrologie, sciences de l'océan de l'atmosphère et du climat (SOAC), écologie. Ils peuvent être catégorisés en deux ensembles, en fonction des échelles de temps considérés.

Un objectif commun des programmes est de faciliter les collaborations sur des terrains emblématiques des changements environnementaux récents et actuels, que ce soit par une position de sentinelle face au changement climatique (par exemple les zones de moyenne et haute montagne ; les littoraux), ou par le poids des héritages anthropiques qui se sont cumulés sur un temps d'aménagement long (les hydrosystèmes notamment). Plusieurs programmes portent sur le bassin méditerranéen et les zones semi-arides qui peuvent cumuler ces deux aspects, à l'instar de ce que l'on observe à l'échelle nationale depuis au moins une décennie (Maureille *et al.*, 2014 ; Théry-Parisot *et al.*, 2019). D'après les descriptifs des projets, la géographie physique est notamment mobilisée pour contextualiser spatialement des données acquises par d'autres champs : des séries de données hydrologiques reflétant le fonctionnement d'un hydrosystème, un signal chimique reflétant la présence et la diffusion de polluants dans l'eau ou dans l'air. Il s'agit en tout cas d'effectuer un suivi des changements d'état du milieu, et de documenter les éventuelles différenciations spatiales qui en émergent. Sur des thématiques similaires on relève l'apparition du terrain urbain, lui aussi considéré comme étant aux avant-postes des effets du changement climatique en raison des enjeux relatifs aux îlots de chaleur urbains. Cette question est portée dans le cadre de programmes articulant SOAC et géographie physique dans le corpus étudié, confirmant une tendance perceptible dès le début de la décennie 2000 (Beltrando, 2010 ; Weber *et al.*, 2014) alors que la géographie physique ne se focalisait traditionnellement que sur des secteurs peu urbanisés.

Un autre objectif scientifique récurrent réside dans l'examen par les géographes d'archives sédimentaires afin de replacer une chronique de mesures, voire un événement instantané (typiquement un aléa naturel), dans une séquence évolutive séculaire voire millénaire des systèmes. La contextualisation n'est pas que temporelle mais également spatiale, celle-ci est cependant loin de se réduire à une simple mise en carte des données produites. L'observation à échelle fine (avec l'essor de l'imagerie drone, du Lidar), couplée à des méthodes relevant de la géomatique, permet de comprendre les déterminants de la dynamique des milieux : les interactions spatiales qui s'animent dans un bassin versant ou au sein d'un réseau écologique, par exemple. Il s'agit de comprendre comment l'espace, par sa structure, sa rugosité, peut créer des conditions différenciées dans le fonctionnement des processus décrits par les autres disciplines. La géographie physique est alors mobilisée pour effectuer des développements méthodologiques qui permettent de simuler les interactions spatiales, puis le fonctionnement de systèmes environnementaux considérés comme complexes.

Ce premier niveau d'analyse contredit donc partiellement deux idées généralement reçues, et notamment celle d'une géographie physique rétive aux approches issues de la géographie théorique et quantitative (Kull et Batterburry, 2017). Les modalités de collaboration interdisciplinaires s'apparentent davantage à ce qui est classiquement observé dans la communauté anglo-saxonne (Hautdidier, 2016). En outre la relation encore récemment perçue comme omniprésente entre géographie physique et sciences de la Terre (géologie, géophysique, pédologie), via notamment la géomorphologie (Goeldner-Gianella, 2010 ; Maureille *et al.*, 2014), est finalement minoritaire dans le fonctionnement scientifique actuel.

Les programmes impliquant la géographie humaine de l'environnement sont quant à eux orientés vers les humanités environnementales (sciences politiques, droit de l'environnement, sociologie, anthropologie culturelle) mais également très fortement vers l'écologie. La relation avec cette discipline est même largement majoritaire, et correspond à 19 programmes financés. Une telle connexion peut surprendre car elle va à l'encontre des tendances observées au sein d'autres disciplines relevant des humanités environnementales, notamment l'anthropologie et l'histoire, pour lesquelles « la distance avec l'écologie reste de mise » (Blanc *et al.*, 2017). Ces programmes se focalisent sur deux types de terrains privilégiés : les hydrosystèmes (qualité écologique des cours d'eau, par exemple), les territoires urbains (biodiversité urbaine notamment). La focalisation sur les hydrosystèmes est attendue : il s'agit d'un objet de recherche qui constitue un creuset pour les collaborations interdisciplinaires depuis la décennie 1990 et l'émergence des programmes PIREN (Programme interdisciplinaire de recherches sur l'environnement). L'intérêt pour ces objets n'a pas été démenti depuis, relayé notamment par des dispositifs comme les zones ateliers (ZA) du CNRS. Il ne correspond en tout cas pas à un artefact lié à la bonne implantation sur Lyon d'une tradition de recherche sur les cours d'eau, mais bel et bien à une tendance de fond déjà identifiée (Maureille *et al.*, 2014 ; Théry-Parisot *et al.*, 2019). L'articulation entre géographie humaine et écologie sur les territoires urbains est quant à elle plus récente : elle gagne en visibilité tout au long de la décennie 2010 (Eckert *et al.*, 2014 ; Weber *et al.*, 2014 ; Coutard *et al.*, 2019). La comparaison des modalités d'investigation de ces deux terrains fait apparaître un point commun : les programmes marquent un intérêt pour les processus « par le bas ». En effet, sur chacun de ces terrains les géographes discutent dans quelle mesure les pratiques sociales s'affranchissent des politiques publiques ou mettent en avant des pratiques informelles. Ces éléments sont mobilisés par les écologues, qui y trouvent des facteurs d'explication dans le fonctionnement des écosystèmes étudiés.

En contrepartie, parmi les 19 programmes mobilisant la géographie humaine de l'environnement, seule une minorité (5) porte sur une approche constructiviste en géographie environnementale, sur les modalités de perception et de représentation de l'environnement. Pour les autres programmes, le cœur des questionnements scientifiques vient de l'écologie qui, partant d'évaluations de la biodiversité, est confrontée à des impasses : les déterminants écologiques, seuls, n'expliquent pas la qualité de la biodiversité observée. La géographie humaine de l'environnement permet alors de produire des données quant à des déterminants anthropiques liés aux modes d'usage du sol, à l'organisation spatiale de ces modes d'occupation.

Nous prenons d'ailleurs ici le parti de catégoriser ce champ de recherche dans la géographie humaine de l'environnement. Même si les études reposent sur un fort développement méthodologique issu de la télédétection et de la géomatique, il s'agit de documenter des pratiques anthropiques, de discuter de facteurs sociaux, politiques, économiques ou encore culturels qui font émerger ces pratiques (Turner *et al.*, 2007 ; Corgne, 2014). Sur ce dernier point l'anthropologie ou encore le droit de l'environnement peuvent être étroitement associés pour discuter ce qui, dans les changements d'occupation et d'usage des sols, relève de pratiques amorcées « par le bas » ou *a contrario* par l'application de normes et cadres juridiques impulsés « par le haut ». En tout cas, la géographie humaine de l'environnement semble principalement mobilisée à des fins de confirmation d'hypothèses émises par les écologues. L'analyse qualitative doit cependant confirmer qu'il ne s'agit pas d'une subordination, mais que les données produites par la géographie humaine de l'environnement sont nécessaires à la confirmation (ou non) des hypothèses émises par un autre champ qui, seul, ne peut résoudre le problème posé.

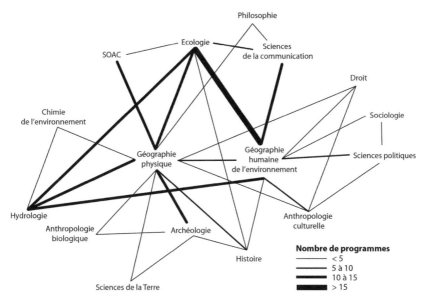

Fig. 1 Graphe des relations interdisciplinaires au sein des programmes de recherche en environnement.
Graph of interdisciplinary relationships within environmental research programmes.

2.3 La géographie de l'environnement entre forces centrifuges et centripètes

L'analyse des réseaux de collaboration formalisés par les programmes de recherche montre bien deux structurations scientifiques distinctes autour de la géographie physique et de la géographie humaine de l'environnement. Le constat, déjà effectué, d'un manque d'unité intradisciplinaire (Dollfus, 1989 ; Chartier et Rodary, 2016 ; Lespez et Dufour, 2021) est donc conforté. Une question demeure pour savoir si cette structuration est simplement révélée par les programmes de recherches, ou si c'est la nature même des programmes de recherche qui a exacerbé les forces centrifuges intradisciplinaires au sein de la géographie. En effet, face à l'injonction permanente à l'interdisciplinarité, chaque champ intradisciplinaire peut avoir tendance à collaborer en priorité avec des disciplines connexes partageant la nature des données produites (suivis expérimentaux *vs* analyses qualitatives par exemple), voire le même cadre de pensée. L'analyse plus fine de deux programmes de recherche permet de dégager quelques pistes d'explications (cf. *infra*).

Toutefois, les programmes de recherche développés en géographie physique et géographie humaine de l'environnement partagent le souci de répondre à la demande de prise en compte accrue des « intérêts de la société ». Des retombées (le plus souvent qualifiées d'opérationnelles) sont en effet attendues, par exemple sous la forme de stratégies de remédiations, et confirment une tendance très générale qui se dessine depuis presque trois décennies (Gibbons *et al.*, 1994 ; Hubert *et al.*, 2011). La géographie de l'environnement se positionne aisément dans ce cadre, les programmes contribuant à un apport scientifique en triptyque bien formalisé (Leblanc *et al.*, 2019) : (*i*) suivre les changements d'état du milieu physique, (*ii*) évaluer la part de ces changements d'état qui sont liés à l'activité anthropique, (*iii*) comprendre dans quelle mesure les acteurs en jeu ont conscience de ces changements qu'ils contribuent eux-mêmes à créer. En cela, les objectifs initiaux déjà définis par nos prédécesseurs (Brunhes, 1913) n'ont guère changé : « la géographie étudie les modalités de l'implantation humaine sur la planète et la part des transformations qui lui revient ».

Le terme de « transformations » rappelle que la notion de changement est centrale dans le domaine de l'environnement en général, et en géographie en particulier. Il s'agit d'identifier les processus qui animent des systèmes et sous-systèmes spatiaux, qui regroupent sur une même zone des objets géographiques de natures diverses. Toute la difficulté de collaboration intradisciplinaire est sans doute liée à la nécessité de travailler sur des objets dont le caractère hybride est issu d'une combinaison de processus physico-chimiques, biologiques et sociaux (Lespez et Dufour, 2021). Toutefois, ces objets partagent une localisation et donc les propriétés inhérentes à cette localisation (effets de site, de situation, et plus généralement effets de contexte). François Durand-Dastès (2002) rappelle l'importance de ces facteurs résolument spatiaux dans l'arsenal explicatif du géographe. En se combinant avec le poids des héritages, ils permettent de saisir les changements environnementaux et *in fine* les modalités avec lesquelles ils s'impriment dans les territoires.

3 Analyse qualitative de deux programmes de recherche interdisciplinaires

En nous fondant sur l'analyse macroscopique des programmes de recherche, nous avons mis en exergue deux sous-ensembles : celui s'articulant autour de la géographie physique, celui autour de la géographie humaine de l'environnement. Toutefois, la nature des relations scientifiques qui sous-tendent les liens formalisés dans le graphe reste à l'état de boîte noire. Ainsi, afin de ne pas contribuer davantage au flou qui entoure souvent la notion d'interdisciplinarité, notre objectif est de décrire qualitativement les modalités de collaboration scientifique au sein de programmes. Il s'agit de monter en généralité en proposant une première typologie des interactions scientifiques qui impliquent les géographes. En complément, nous cherchons également à tester l'hypothèse de l'existence de freins dans la mise en œuvre de collaborations intradisciplinaires.

Afin de réaliser cette démarche qualitative au plus près de la réflexion des chercheur.es, nous avons privilégié des entretiens et discussions collectives avec les parties prenantes de deux programmes de recherche, plutôt qu'une plus vaste enquête par questionnaire. Ces programmes sont choisis pour être révélateurs des deux sous-ensembles formalisés par l'analyse macroscopique. Il s'agit de programmes dont nous n'avons pas contribué au montage, mais pour lesquels nous avons été associés à plusieurs réunions de travail, pour observer les modalités d'avancement et de construction de l'interdisciplinarité. En accord avec les collègues, leurs noms ainsi que celui des programmes ont été anonymisés.

3.1 Programme A : géographie, hydrologie, chimie

Le programme A est un programme de trois ans, financé par une zone atelier de l'Institut écologie-environnement du CNRS, dans le cadre d'un accord-cadre avec une agence de l'eau. Le problème scientifique initial est lié à une impasse rencontrée par les hydrologues et les chimistes de l'environnement travaillant sur la pollution des eaux en contexte agricole : la variabilité des signaux chimiques révélateurs de polluants agricoles dans les cours d'eau demeure mal expliquée. Ce constat est réalisé en dépit de métrologies réalisées à haute résolution temporelle et d'une amélioration croissante de la modélisation des processus élémentaires de transport des polluants par voie liquide. L'hypothèse alors émise par les collègues chimistes est qu'il est nécessaire de changer de focale : plutôt que de chercher des explications dans des modélisations processuelles toujours plus fines, peut-être faut-il chercher à mettre dans un contexte spatial plus large les analyses effectuées. Ceci nécessite d'incarner les processus chimiques et hydrologiques dans l'unité fonctionnelle englobante que constitue le bassin versant. Plus particulièrement, la collaboration avec les géographes vise à discuter dans quelle mesure l'organisation spatiale des paysages agricoles et notamment la structure paysagère (réseau de routes et chemins, systèmes haies/talus, géométrie du maillage parcellaire, etc.) constitue un déterminant des transferts de matière (eau, polluants, mais aussi sédiments) à l'échelle du bassin versant.

Le rôle de la géographie physique s'articule en trois étapes, visant à remonter les chaînes de causalité pour comprendre les signaux chimiques observés (Fig. 2). La première étape est de savoir, par une relation de confirmation, si les signaux chimiques sont partiellement corrélés à des signaux sédimentaires. Autrement dit, sur la base de l'hypothèse que les sédiments peuvent être vecteurs de polluants, la qualité chimique des eaux dépend-elle de la fourniture sédimentaire apportée en différents points du bassin versant, et notamment depuis les parcelles agricoles soumises à l'érosion des sols ? La géomorphologie, par ses protocoles habituels, permet alors de produire les données nécessaires à la confirmation de cette hypothèse, à savoir une estimation des apports en sédiments dans le cours d'eau. La deuxième étape est de comprendre les modalités d'organisation, dans l'espace et le temps, de ces apports. Il faut là encore remonter les chaînes causales pour comprendre les relais de processus qui s'agencent entre des sources sédimentaires potentielles situées sur les versants, d'une part, et le cours d'eau qui collecte les produits de l'érosion, d'autre part. Pour valider cette relation de confirmation, il s'agit tout d'abord de comprendre, à l'échelle topoclimatique, quels sont les événements pluviométriques susceptibles de faire émerger le ruissellement érosif et ainsi de caractériser l'érosivité du climat à une échelle locale. Ensuite, les géographes discutent dans quelle mesure les flux sédimentaires sont fonction de la structure paysagère et notamment de la rugosité/difficulté qu'elle crée dans le routage de la matière. Toujours dans le domaine d'application de la géographie physique, il s'agit de caractériser la structure paysagère, en formalisant les modalités d'assemblage entre les modes d'occupation du sol : quels modes d'occupations du sol s'assemblent spatialement et se jouxtent, quels sont ceux qui s'excluent spatialement. L'objectif est de documenter si les assemblages font émerger un patron spatial de type mosaïque susceptible d'augmenter la rugosité face à laquelle les processus géomorphologiques s'organisent. En complément de la formalisation de ces effets de proximité *versus* éloignement, les modalités de contact entre les parcelles sont de première importance. Par exemple une haie, un fossé, un chemin, sont autant d'éléments de la structure paysagère dont l'implantation peut influencer les flux sédimentaires. Les géographes documentent ici l'occupation des sols, au sens admis dans le cadre de *Land Change Science* (Turner *et al.*, 2007 ; Corgne, 2014), c'est-à-dire en objectivant les caractéristiques biophysiques. Pour cela, la caractérisation de l'état de surface de chaque parcelle est nécessaire, par exemple en décrivant l'agencement interne des plantations, ou plus largement tout aménagement technique susceptible d'influencer, voire freiner, l'organisation du ruissellement érosif. Nous sommes donc ici dans un cas où l'approche de géographie physique documente des pratiques par le biais d'une description biophysique. Le fait que ces pratiques relèvent de choix sociaux n'est toutefois pas documenté, alors que cela pourrait constituer un pont vers la géographie humaine de l'environnement en mobilisant la notion d'usage des sols (Turner *et al.*, 2007 ; Corgne, 2014). L'absence d'une telle collaboration interne à la géographie est discutée *infra*.

L'apport de la géographie physique est donc, au final, d'apporter un contexte explicatif aux signaux chimiques en replaçant ceux-ci dans un champ de forces spatialisé : inventaire des sources de sédiments et de polluants, armature et géométrie du réseau qui transfère ces éléments jusqu'aux cours d'eau où les signaux sont observés. Cette démarche se retrouve actuellement dans de nombreux travaux en géographie physique, qui portent une attention particulière sur la simulation du fonctionnement de bassins-versants comme des systèmes complexes (Reulier *et al.*, 2016, 2019 ; Fressard et Cossart, 2019).

L'apport géographique se complète par une relation méthodologique avec la chimie de l'environnement (Fig. 2), pour effectuer le retour vers le problème scientifique posé initialement : la dynamique géomorphologique interne du bassin-versant est-elle un déterminant des signaux chimiques ? Cette relation méthodologique passe par l'intégration de la structure paysagère dans des modèles de transfert particulaire et dissous. De façon concrète, la modélisation s'effectue en niveaux emboîtés. Le niveau élémentaire correspond à des composantes du modèle retranscrivant les processus chimiques qui se déploient au niveau des parcelles, des fossés, bandes enherbées, haies ou encore des haies sur talus. La dynamique des processus impliqués est retranscrite à une résolution très fine (horaire) pour retranscrire les forçages atmosphériques et leurs conséquences topoclimatiques, le ruissellement qui affecte les transferts au niveau de ces objets individuels. L'approche spatiale permet ensuite de formaliser la configuration spatiale et la topologie du réseau de transport constitué par l'assemblage de l'ensemble des objets. Par une démarche de simulation spatiale, il s'agit de reconstituer le signal sédimentaire potentiel qui émerge à l'intérieur du réseau et à l'exutoire.

Dans ce programme, les relations de confirmation, mais surtout la relation méthodologique finale, montrent le type de combinaison qui peut articuler géographie, hydrologie et chimie. Le rôle de la géographie correspond aux cadres proposés par F. Durand-Dastès (2002), indiquant que l'explication des niveaux de polluants en un point nécessitent la bonne compréhension de l'ensemble des interactions spatiales qui se déploient dans le voisinage, ici apparenté au bassin versant.

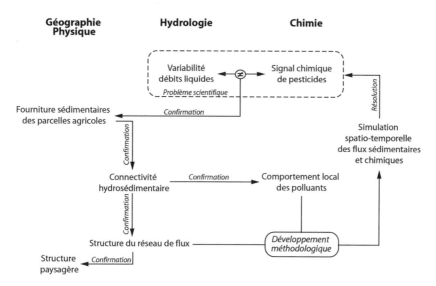

Fig. 2 Formalisation des étapes du raisonnement interdisciplinaire du programme A
Pattern of the steps of the interdisciplinary methodological framework of the programme A

3.2 Programme B : géographie, écologie, sciences de l'information et de la communication

Le programme B a une durée de 3 ans, et est financé par un labex. Il a pour objectif d'évaluer la biodiversité des espaces végétalisés des habitats collectifs (EVHC) au sein d'une ville dense, et part du constat d'un manque de connaissance de la biodiversité urbaine, aussi bien quant à son niveau que quant à ses déterminants. Les derniers développements en écologie montrent notamment que les niveaux de biodiversité ne peuvent être compris sans la prise en compte des multiples effets de contextes créés par les formes urbaines.

La collaboration avec la géographie permet d'aborder cette question. Il ne s'agit pas ici d'une géographie physique car les processus d'ordre écologique qui animent les milieux urbains restent abordés par les écologues. Ces derniers mobilisent leurs compétences et cadres de pensée pour procéder aux investigations de terrain : échantillonnage du sol, de la végétation et de groupes faunistiques connus pour être influencés à différentes échelles. En revanche, la collaboration nécessite un apport de connaissance sur les déterminants anthropiques de la biodiversité (Fig. 3). Elle doit mobiliser des compétences en géographie humaine pour documenter les effets de contexte urbain, liés aux modes d'occupation du sol et aux usages associés. En effet, le premier apport de la géographie est par exemple d'inventorier et de cartographier les espaces végétalisés, à une échelle fine. Derrière cette question simple existe une difficulté méthodologique liée à la résolution spatiale des données de départ, les espaces végétalisés étant souvent trop petits pour être identifiés, mis en carte, donc correctement évalués par des méthodes classiques. L'identification nécessite un traitement de données à très haute résolution spatiale, inférieure à un mètre. En effet, toute analyse réalisée à une résolution plus grossière aboutit à une sous-détection des zones végétalisées, allant jusqu'à 30 % de zones non détectées (Bellec, 2018). Dans une seconde étape, ces données sont (*i*) confrontées à des données socio-économiques afin d'obtenir une caractérisation des contextes dans lesquels les évaluations de biodiversité sont effectuées et (*ii*) assemblées à l'échelle de la métropole afin d'obtenir une formalisation de l'armature végétale et de son évolution diachronique (depuis la décennie 1980). Les évaluations effectuées par les géographes permettent ainsi de discuter des conséquences sur les niveaux de biodiversité de politiques de densification, qui transforment la ville en privilégiant les habitats collectifs aux autres formes d'habitat ou d'activités. Un des résultats est que la majorité des espaces verts se localise dans des espaces privés, renforçant la nécessité d'impliquer les citoyens.

Les travaux font ainsi apparaître de nouvelles hypothèses de travail (Fig. 3), permettant le déploiement de relations heuristiques entre géographie et écologie, mais également avec les sciences de l'information et de la communication. En effet, une application directe est que les citoyens peuvent agir directement dans l'accélération de la transition écologique par leurs choix dans l'aménagement de leur propre espace collectif. Il s'agit donc de savoir comment les habitants considèrent leurs propres EVHC, mais aussi de prendre en compte les nouvelles formes de production, de circulation des savoirs, permettant l'interaction entre scientifiques et habitants. Les chercheurs mobilisent notamment des citoyens par les réseaux associatifs ou encore les organismes impliqués dans le logement social.

Dans ce programme, la mise en contexte spatial des données écologiques constitue l'un des objectifs de la géographie. Cette mise en contexte n'est pas passive, elle se fonde sur la production des données nécessaires pour documenter les activités urbaines quotidiennes et, au final, expliquer la variabilité spatiale des niveaux de biodiversité en ville.

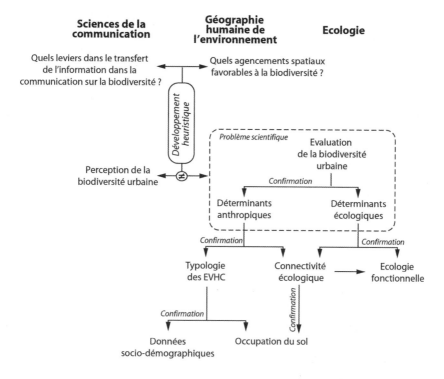

Fig. 3 Formalisation des étapes du raisonnement interdisciplinaire du programme B
Pattern of the steps of the interdisciplinary methodological framework of the programme B

3.3 Retour d'expérience sur la genèse des programmes

En revenant sur les modalités selon lesquelles les programmes ont émergé, les porteurs des programmes A et B font le constat commun que les injonctions à l'interdisciplinarité émanant de la majorité des organismes de financement ont constitué une opportunité et non une contrainte. Le fait de s'orienter vers des organismes de financements locaux et non vers l'Agence nationale de la recherche est également un choix commun et assumé. Les modalités de sélection de l'ANR demeurent encore un frein : le processus est jugé long et aux chances de succès incertaines malgré la hausse attendue des taux de réussite. La géométrie des panels des comités d'évaluation de l'ANR sur le champ de l'environnement est également perçue comme un élément défavorable : bien qu'encourageant une interdisciplinarité, ces panels renvoient la crainte d'être « trop ou trop peu » d'une discipline ou d'une autre. En cela, les critères des organismes locaux paraissent plus clairs, peut-être également en raison de leur plus grande proximité géographique et institutionnelle avec les chercheur.es.

Les critères d'évaluation des organismes financeurs à l'échelle locale ajoutent également le critère d'appartenance à des unités de recherche différentes. Bien que bénéficiant généralement des effets de structures fédératives (labex, fédérations de recherche) dans la formalisation de réseaux scientifiques locaux, les porteurs de projets ont eu une démarche volontariste dans la recherche de partenaires satisfaisant les principaux critères de financement (disciplines et laboratoires différents). Il s'agit en priorité d'identifier ceux avec lesquels sont partagés des objets de recherche mais aussi des terrains d'étude. Dans les programmes A et B, les objectifs scientifiques se précisent conjointement à la stabilisation du consortium. Cette démarche peut initialement paraître contre-intuitive dans la définition d'un projet de recherche, mais elle est ici vécue comme une opportunité, une source de motivation et de créativité dans la mesure où chaque discipline laisse apparaître des perspectives qui n'étaient pas forcément envisagées par l'autre. Les programmes ont ainsi une dimension exploratoire très appréciée par les chercheur.es des programmes A et B et qui, selon eux, n'obère en rien les possibilités de transférer les résultats de recherche vers le monde non académique.

3.4 Retour d'expérience sur la place de la géographie dans les programmes

Les expériences des programmes A et B se rejoignent sur le constat que la géographie ne semble mobilisée ni comme une science de carrefour entre sciences expérimentales et sciences humaines et sociales, ni une science de synthèse, dont l'approche spatiale permettrait la mise en carte des données produites par d'autres champs. Même si dans les deux cas les problèmes scientifiques ont été initialement posés par d'autres disciplines, et peut-être même justement parce que ce fut le cas, la géographie a été mobilisée pour ses propres compétences et apports potentiels. Les modalités de collaboration observées sont ici au nombre de trois, et correspondent partiellement à des typologies proposées en philosophie des sciences (Sauzet, 2017) : des relations de confirmation (les données produites permettent de confirmer les hypothèses émises par un autre champ), des relations méthodologiques (les développements méthodologiques permettent de lever les verrous auxquels est confronté un autre champ), des relations heuristiques (les résultats apportés par une discipline font émerger de nouvelles hypothèses et questionnement pour un autre champ).

Dans le détail, les apports résident dans la modélisation spatiale de processus qui animent le milieu biophysique dans le cas du programme A, dans l'apport des données relatives au fonctionnement et l'aménagement des territoires urbains dans le cas du programme B. Dans le cas de ce dernier, les chercheur.es géographes insistent sur le fait que le potentiel de la géographie humaine de l'environnement a été clairement identifié d'emblée par les écologues, et qu'il n'y a eu aucune tendance à la subordination de la discipline labellisée SHS à la discipline issue des sciences expérimentales, contrairement à ce qui est ressenti par d'autres disciplines des humanités environnementales (Blanc, 2017 ; Blanc *et al.*, 2017).

Ce constat de bonne identification des compétences propres à la géographie par les partenaires chimistes et hydrologues est partagé dans le cas du programme A. Le porteur précise toutefois que la nécessaire simplification des données, inhérente au changement d'échelle (échelle du bassin-versant), a été le point le plus difficile dans la mise en œuvre du dialogue interdisciplinaire.

En interrogeant les deux porteur.es de programme sur l'absence de collaboration intradisciplinaire, il apparaît que ces collaborations entre géographes étaient de l'ordre de l'impensé. En effet, la façon même de faire émerger les programmes sur la base des critères des organismes a directement incité à aller chercher les collaborations vers d'autres disciplines, d'autres unités, sans véritable regret d'ailleurs. En effet, dans le cadre du programme B, les chercheur.es géographes n'identifient pas quels auraient pu être les apports de la géographie physique : ce qui relève de l'analyse de processus animant le milieu est réalisé par les écologues. Dans le cadre du programme A, l'analyse de la structure paysagère est perçue comme suffisante pour alimenter les modèles développés. Une analyse des usages du sol, et notamment des pratiques liées aux intrants chimiques en contexte agricole est identifiée comme un enrichissement potentiel, avec toutefois une difficulté pour articuler ces données avec une démarche de modélisation qui se nourrit d'une information en tout point de la zone d'étude. Un chercheur géographe du programme A envisagerait d'ailleurs des collaborations avec d'autres disciplines des humanités environnementales plutôt qu'avec un.e géographe humain.e. Il cite le cas de contacts potentiels avec un.e anthropologue de l'environnement afin d'apporter un éclairage sur la pluralité des visions et des usages sur le terrain agricole étudié. De même, il pense qu'un.e juriste de l'environnement pourrait contextualiser la façon dont des normes ont émergé dans l'usage des pesticides et pourquoi, dans certains cas, cet usage fut encouragé. Bien que ce retour d'expérience relève de l'étude de cas, il illustre le manque de dialogue intradisciplinaire qui demeure au sein de la géographie.

Conclusion

Les études environnementales constituent un champ de recherche particulièrement fécond, résolument interdisciplinaire. Au niveau de l'ensemble des rouages du système que constitue le monde de la recherche (organismes de recherche, agences de financement, structures fédératives locales) l'interdisciplinarité est encouragée, mais sa mise en œuvre concrète reste toutefois délicate. Au sein de cet écosystème scientifique en pleine évolution, la place de la géographie telle que révélée par un corpus de programmes de recherche est plutôt favorable. Les géographes sont capables d'intégrer et de structurer des consortiums variés, avec un large spectre de disciplines relevant aussi bien des humanités environnementales que des sciences expérimentales. Loin des héritages qui associaient traditionnellement la géographie de l'environnement à la géologie, la climatologie, l'archéologie ou l'histoire, les relations actuelles privilégient les partenariats avec l'écologie et font émerger des collaborations inédites avec la chimie, le droit, les sciences de l'information et de la communication. Ce constat est d'autant plus instructif qu'il n'est pas partagé, bien au contraire, au sein des autres sciences humaines et sociales. Sans doute faut-il y voir le fait que les géographes ont su développer des modalités d'interaction interdisciplinaire efficace, que nous avons inventoriées au nombre de trois : des relations de confirmation, des relations méthodologiques ou encore des relations heuristiques.

Le retour d'expérience sur deux programmes de recherches investigués confirme cette tendance d'une interdisciplinarité opérante. Ils remplissent leurs attendus respectifs en termes de retombées vers le monde non-académique et offrent aux chercheur.es un cadre reconnu comme stimulant scientifiquement. Dans les consortiums interdisciplinaires les savoir-faire des géographes sont clairement reconnus par les autres disciplines. Alors que cette analyse montre les opportunités réelles qui existent actuellement pour replacer la discipline au cœur des études environnementales, l'hypothèse selon laquelle ces collaborations créent des forces centrifuges intradisciplinaires entre géographie physique et géographie humaine de l'environnement se confirment. L'injonction à l'interdisciplinarité fait que la collaboration entre géographie physique et géographie humaine de l'environnement reste à l'état d'impensé, ou qu'elle apparaît avec un potentiel moindre que les collaborations interdisciplinaires. Chaque champ intradisciplinaire à la géographie peut ainsi être renvoyé à ses propres cadres de pensées habituels, pouvant ralentir les efforts pourtant mis en œuvre depuis quelques années pour réunir l'ensemble de la communauté des géographes travaillant sur les questions environnementales.

Remerciements

L'auteur remercie les deux relecteurs ou relectrices pour leur contribution constructive et stimulante.

Université Lyon 3
UMR 5600 EVS
1C avenue des Frères-Lumière
CS 78242
69372 LYON CEDEX 08
etienne.cossart@univ-lyon3.fr

Bibliographie

Alexandre, F., Génin, A. (2016), « Biogéographie, de la marginalisation à une science de l'environnement interdisciplinaire » dans Chartier, D., Rodary, E. (éd.), *Manifeste pour une géographie environnementale : géographie, écologie, politique*, Paris, Les Presses de Sciences Po, p. 279-295.

Adger, N. (2006), « Vulnerability », *Global Environmental Change*, n° 16 (3), p. 268-281.

Bertrand, G., Tricart, J. (1968), « Paysage et géographie physique globale. Esquisse méthodologique », *Revue géographique des Pyrénées et du Sud-Ouest,* n° 39 (3), p. 249-272.

Beltrando, G. (2010) « Les géographes — climatologues français et le changement climatique aux échelles régionales », *EchoGéo,* http://journals.openedition.org/echogeo/11816.

Blanc, G. (2017), « L'histoire environnementale : nouveaux problèmes, nouveaux objets et nouvelle histoire » dans Blanc, G., Demeulenaere E., Feuerhahn, W. (éd.), *Humanités environnementales. Enquêtes et contre-enquêtes,* Paris, Éditions de la Sorbonne, p. 75-96.

Blanc, G., Demeulenaere, E., Feuerhahn, W. (2017), « Difficile interdisciplinarité », dans Blanc, G., Demeulenaere E., Feuerhahn, W. (éd.), *Humanités environnementales. Enquêtes et contre-enquêtes,* Paris, Éditions de la Sorbonne, p. 75-96.

Brunhes, J. (1913), « Du caractère propre et du caractère complexe des faits de géographie humaine », *Annales de géographie,* p. 1-40.

Blot, F. (2016), « Pour une géographie du pouvoir, l'apport d'une expérience pluridisciplinaire autour de la question de la pollution médicamenteuse », dans Chartier, D., Rodary, E. (Éd), *Manifeste pour une géographie environnementale : géographie, écologie, politique,* Paris, Les Presses de Sciences Po, p. 376-399.

Chartier, D., Rodary, E. (2016), « Géographie, écologie, politique – Un climat de changement », dans Chartier, D., Rodary, E. (Éd), *Manifeste pour une géographie environnementale : géographie, écologie, politique,* Paris, Les Presses de Sciences Po, p. 13-55.

Claval, P. (1993), « La géographie, science carrefour », *Acta Geographica,* n° 96, p. 14.

Corgne. S. (2014), « Étude des changements d'occupation et d'usage des sols en contexte agricole par télédétection et fusion d'informations », Habilitation à diriger les recherches, Université Rennes 2, 137 p.

Coutard, S. *et al.* (2019), « Section 39 Espaces, territoires, sociétés », *Rapport de conjoncture 2019 du CoNRS,* https://rapports-du-comite-national.cnrs.fr.

Desvallées, L., Arnauld de Sartre, X., Kull, C. (2022), « Epistemic communities in political ecology: critical deconstruction or radical advocacy? », *Journal of Political Ecology,* n°29(1), p. 309-340.

Dollfus, O. (1989), « Du sens et de l'unité de la géographie », *L'espace géographique,* n° 18 (2), p. 89-91.

Dufour, S., Lespez, L. (2019), « Les approches naturalistes en géographie, vers un renouveau réflexif autour de la notion de nature ? », *Bulletin de l'Association de géographes français,* n° 96 (2), p. 220-244.

Durand-Dastès, F. (2002), « Le temps, la Géographie et ses modèles », *Bulletin de la Société Géographique de Liège,* n° 40 (2001/1), p. 5-13.

Eckert, D. *et al.* (2014), « Section 39 Espaces, territoires, sociétés », *Rapport de conjoncture 2014 du CoNRS,* https://rapports-du-comite-national.cnrs.fr.

Fressard, M., Cossart, E. (2019), « A graph theory tool for assessing structural sediment connectivity: Development and application in the Mercurey vineyards (France) », *Science of The Total Environment,* n° 651 (2), p. 2566-2584.

Gibbons, M., Limoges, C., Novotny, H., Schwartzman, S., Scott, P., Trow, M. (1994), *The New Production of Knowledge : The Dynamics of Science and Research in Contemporary Societies,* Londres, Sage, 192 p.

Goeldner-Gianella, L. (2010), « Quelle place pour la géographie dans les études environnementales ? » *L'Espace géographique,* n° 39, p. 289-294.

Hautdidier, B. (2016), « Quelque part entre Toutatis et Gaïa, la géographie française peut contribuer aux questions de l'écologie » dans Chartier, D., Rodary, E. (Éd), *Manifeste pour une géographie environnementale : géographie, écologie, politique,* Paris, Les Presses de Sciences Po, p. 13-55.

Hubert, M., Chateauraynaud, F., Fourniau, J.-M. (2011), « Les chercheurs et la programmation de la recherche : du discours stratégique à la construction de sens » *Quaderni*, n° 77, p. 85-96.

Joly, F. (1989), « La géographie, une science de l'environnement », *L'espace géographique*, n° 18 (2), p. 114-115.

Kull, C.A., Batterbury, S.P.J. (2017), « L'environnement dans les géographies anglophone et française : émergence, transformations et circulations de la *political ecology* » dans Blanc, G., Demeulenaere E., Feuerhahn, W. (éd.), *Humanités environnementales. Enquêtes et contre-enquêtes*, Paris, Éditions de la Sorbonne, p. 75-96.

Leblanc C., *et al.* (2019), « CID 52 Environnements sociétés : du fondamental à l'opérationnel », *Rapport de conjoncture 2019 du CoNRS,* https://rapports-du-comite-national.cnrs.fr.

Maureille, B. *et al.* (2014), « Section 31 Homme Milieux : évolution, interaction », *Rapport de conjoncture 2014 du CoNRS,* https://rapports-du-comite-national.cnrs.fr.

Mortimore, M. (2010), « Adapting to drought in the Sahel: Lessons for climate change », *WIREs Clim Change*, n° 1, p. 134-143.

Lespez, L., Dufour, S. (2021), « Les hybrides, la géographie de la nature et de l'environnement », *Annales de géographie*, n° 737 (1/2021), p. 58-85.

Reulier, R., Delahaye, D., Caillault, S., Viel, V., Douvinet, J. (2016), « Mesurer l'impact des entités linéaires paysagères sur les dynamiques spatiales du ruissellement : une approche par simulation multi-agents », *Cybergeo*, n° 788, https://journals.openedition.org/cybergeo/27768.

Reulier, R., Delahaye, D., Viel, V. (2019), « Agricultural landscape evolution and structural connectivity to the river for matter flux, a multi-agents simulation approach », *CATENA*, n° 174, p. 524-535.

Sauzet, R. (2017), *La pluralité scientifique en action — le cas du LabEx IMU*, Thèse, Université Lyon 3 – Jean Moulin, 606 p.

Théry-Parisot, I. *et al.* (2019), « Section 31 Homme Milieux : évolution, interaction », *Rapport de conjoncture 2019 du CoNRS,* https://rapports-du-comite-national.cnrs.fr.

Turner, B.L., Lambin, E., Reenberg, A. (2007), « The emergence of land change science for global environmental change and sustainability », *Proceedings of the National Academy of Sciences*, n° 104 (52), p. 20666-20671.

Weber, C., *et al.* (2014), « CID 52 Environnements sociétés : du fondamental à l'opérationnel », *Rapport de conjoncture 2014 du CoNRS,* https://rapports-du-comite-national.cnrs.fr.

Quand la recherche accompagne les acteurs de l'alerte institutionnelle en France : entre science, expertise et médiation

Supporting institutional warning systems in France: between science, expertise and mediation

Johnny Douvinet
Professeur en géographie, Avignon Université, Laboratoire UMR ESPACE 7300 CNRS, membre junior de l'Institut universitaire de France (IUF), Paris.

Esteban Bopp
Post-doctorat en géographie, Avignon Université, Avignon, cofinancé par la région Sud Provence Alpes Côte d'Azur et ATRISC/Laboratoire UMR ESPACE 7300.

Matthieu Vignal
Maître de conférences en Géographie, Avignon Université, Laboratoire UMR ESPACE 7300 CNRS.

Pierre Foulquier
Doctorant en géographie, Avignon Université, cofinancé par la région Sud Provence Alpes Côte d'Azur ONHYS/Laboratoire UMR ESPACE 7300 CNRS.

Allison César
Étudiante en Master II Paris-Dauphine, stagiaire Avignon Université UMR ESPACE 7300 CNRS.

Résumé — Cet article propose une réflexion sur la façon dont les projets qui nous ont financés ont influencé nos pratiques et certains de nos questionnements, sur la thématique de l'alerte à la population en France. Deux questions sont posées : est-ce que sans ces financements nous aurions mené différemment nos travaux, et jusqu'à quel point les orientations de recherche ont été conditionnées par les appels à projets ? Les réponses sont ambivalentes mais riches d'enseignements. D'un côté, les financements ont permis d'affirmer notre positionnement, pour souligner toute l'importance d'une lecture territorialisée, systémique et interdisciplinaire de l'alerte, et d'élargir la focale par une meilleure prise en compte des besoins utilisateurs. D'un autre côté, nos recherches se sont confrontées à la réalité opérationnelle et à des prises de décisions politiques, qui ont contraint certains questionnements et qui nous ont obligés à adopter une position d'expertise et de médiation, allant parfois au détriment de la production de savoirs. L'enjeu pour nos futures recherches est désormais de trouver le juste milieu entre l'accompagnement des opérationnels et les réponses aux questions épistémologiques que notre courant de recherche fait émerger.

Abstract — *This paper proposes a discussion on several research practices and on the way in which the projects asked two questions related to the subject of the alert to the population sent by the authorities in France: 1) Would we have done our work differently without this funding, and 2) To what extent were the research orientations conditioned by the calls for projects ? The answers, both positive and negative, remain rich in lessons. On the one hand, the calls allow us to assert our position, to emphasize the importance of spatial and territorialized approaches,* *and to broaden the focus of analysis by taking better account of user neéd and multidisciplinary perspectives. On the other hand, our research comes up against operational realities and political decision-making processes, which constrain several questions and place research in the role of expert or mediator. More than the production of new knowledge, the difficulty for our future work is ultimately to find the best place between accompanying the actors of alert in the future and the epistemological questions raised by our line of thinking.*

Mots-clefs   alerte, géographie, coopération, pratiques de recherche, France

Keywords   alert, geography, cooperation, research practices, France

Qu'on le veuille ou non, le recours à des financements sur projet est un levier d'action qui se généralise depuis une quinzaine d'années au sein des équipes et des laboratoires de recherche publique. Mais pour y trouver des intérêts et pleinement s'y épanouir, encore faut-il bien s'accorder sur les termes utilisés et sur la manière de collaborer. La science ne doit pas non plus être réduite à produire de l'ingénierie ou à une solution logicielle. La logique de projet est par ailleurs un défi pour les chercheurs, et d'autant plus pour les coordinateurs : les aspects administratifs et managériaux ne doivent pas s'imposer sur le temps nécessaire à la réflexivité (Grossetti et Milard, 2003). C'est pourtant en ayant conscience de ces défis à relever que nous avons décidé de répondre collectivement à divers appels d'offres, avec une ambition commune au sein des consortiums : contribuer à améliorer l'efficacité de l'alerte à destination de la population en France, en travaillant avec et pour les acteurs institutionnels, et en apportant des regards progressivement pluridisciplinaires, pour espérer sauver un maximum de vies en cas d'alerte.

Nos premiers travaux, académiques, ont permis de comprendre les délais de l'alerte institutionnelle, et de porter un regard critique sur les sirènes, déployées depuis la fin de la Seconde Guerre mondiale en France mais rarement activées (9 fois en 60 ans). D'autres solutions ont été questionnées, par exemple les applications mobiles (Kouadio et Douvinet, 2016 ; Bopp, 2021), les réseaux sociaux numériques (Douvinet *et al.*, 2017) ou les « citoyens-capteurs » (Gisclard, 2017), dans la suite des premiers travaux de Goodchild (2007). Ces travaux ont souligné à quel point l'alerte ne devait pas être perçue avec une entrée mono-disciplinaire, tant ce concept multidimensionnel recouvre des aspects techniques, sociaux, psychologiques, financiers, organisationnels et/ou culturels (Douvinet, 2018 ; Bopp *et al.*, 2021).

Nos questionnements se sont ensuite poursuivis, mais avec des partenariats publics et/ou privés. Suite à la publication d'un rapport sénatorial critique à l'égard des choix français (Vogel, 2017), et face à la succession d'événements durant lesquels l'alerte à la population a été tardive (les attentats survenus à Nice le 14 juillet 2016 par exemple), ou manquée (les crues rapides à Cannes du 3 octobre 2015), une convention de partenariat a été signée avec le cabinet de conseil ATRISC (2017-2020) et deux thèses ont fait l'objet d'un cofinancement. En 2019, ATRISC et notre équipe de recherche (ESPACE) avons été lauréats d'un appel d'offres (25k€ sur un an) financé par l'Institut des Hautes Études du Ministère de l'Intérieur (IHEMI), pour étudier la façon dont les systèmes d'alerte multicanale avaient été créés et déployés en dehors de la France (*i. e.*, Australie, Belgique, Indonésie, USA). Trois mois plus tard, nous avons dialogué avec des psychologues (CHROME), et F24 (l'un des leaders européens dans la diffusion d'alerte par SMS), et avons répondu à l'appel lancé par l'Agence Nationale de la Recherche (ANR) et le Secrétariat Général Défense et Sécurité Nationale (SGDSN), au titre de la Sécurité des JOP (Jeux Olympiques et Paralympiques) de Paris 2024. Deux objectifs étaient visés dans ce projet, intitulé « Cap-4-Multi-Can'Alert » : concevoir une plateforme d'alerte multicanale, intégrant différents canaux autour d'un standard international libre, appelé *Common Alerting Protocol* (ETSI, 2005), et intégrer dès la phase de conception des besoins utilisateurs (autorités et populations). Figurer dans la liste des 5 projets financés (sur les 26 soumis) traduisait à quel point ce partenariat intéressait les acteurs opérationnels et les financeurs de la recherche publique. La logique partenariat public/privé ainsi que l'ouverture à l'interdisciplinarité allaient alors influencer nos pratiques de recherche.

Durant la vie du projet ANR, d'une courte durée (18 mois + 6 mois prolongation COVID), nous avons renforcé notre collaboration avec les administrations centrales en charge la mise en place de l'alerte multicanale en France, en particulier avec la direction du numérique (DNUM) et le bureau de l'alerte, de la sensibilisation et de l'éducation des populations (BASEP), au sein du ministère de l'Intérieur. Une convention a été signée avec la DNUM en 2022 (62k€), dans la continuité du projet ANR, pour mettre en place des protocoles inédits visant à accompagner l'opérationnalisation de la plateforme d'alerte FR-Alert, permettant d'alerter par diffusion cellulaire la population. Nous avons accompagné les utilisateurs (agents des préfectures), mais aussi récolté les avis des destinataires (*i. e.*, le grand public) ayant reçu les notifications. Fin 2022, 9 741 réponses avaient été collectées via un questionnaire en ligne, lors de 21 exercices organisés de mai à décembre 2022. En 2023, une seconde convention a été signée (126k€), pour réfléchir à la conception d'un *score*, pour que les préfectures évaluent leurs pratiques et entrent dans un processus d'amélioration continue. Les questionnaires continuent toujours à être intégrés dans les notifications envoyées et testées par de nombreuses préfectures. Fin juin 2023, 18 321 réponses ont ainsi été collectées au cours de 41 exercices, et on peut espérer collecter plus de 25 000 réponses d'ici la fin de l'année 2023.

Cet article est alors l'occasion de réfléchir à nos pratiques de recherche, et à la façon dont ces projets ont influencé ou contraint certaines orientations, sur la thématique de l'alerte à la population en France. Deux questions sont posées : 1) Est-ce que, sans ces financements, nous aurions mené différemment nos recherches ? 2) Et comment les appels à projets ont-ils conditionné les questionnements ? Pour y répondre, l'article a été structuré de la façon suivante. La section 1 montre que les appels à projets nous ont permis d'affirmer une identité, un positionnement, et de souligner toute l'importance d'une approche territorialisée de l'alerte. La section 2 démontre que les projets ont aussi été l'occasion de dialoguer et d'échanger avec d'autres disciplines, avec une lecture plus holistique de l'alerte et donnant naissance à la conceptualisation d'une alerte multicanale « idéale ». La section 3 explique pourquoi nos pratiques se sont confrontées à la réalité opérationnelle, nous forçant à avoir une constante adaptation dans nos questionnements. La section 4 met en perspective la place des chercheurs, étant producteur de savoirs, expert ou médiateur au gré des avancées des projets. Trois questions épistémologiques sont finalement abordées dans la section 5, pour débattre de la direction à engager pour la suite de ces projets.

1 Des projets permettant d'affirmer une identité...

1.1 L'alerte : un objet éminemment géographique

L'alerte à la population en France est un sujet sur lequel beaucoup de travaux en géographie ont déjà été proposés (Vinet, 2007 ; Creton Cazanave, 2010 ; Boudou, 2015 ; Daupras *et al.*, 2015 ; Provitolo *et al.*, 2015 ; Kouadio, 2016 ; Douvinet, 2018 ; Dubos-Paillard, 2019 ; Fenet et Daudé, 2021 ; Bopp, 2021, entre autres). Les regards portés sur l'alerte sont parfois différents, en particulier sur la question de la temporalité. Certains chercheurs définissent l'alerte comme un processus inscrit dans un *continuum* spatiotemporel, au cours duquel trois phases vont se succéder : 1) une phase de détection des signaux précurseurs du danger (alerte montante), 2) une phase de prise de décision (alerte descendante) et 3) une phase d'action (l'application des consignes et des mesures de sauvegarde). D'autres chercheurs considèrent plutôt l'alerte comme un moment de rupture entre la prévention et l'action, l'alerte pouvant être déconnectée de la vigilance et/ou des réactions. En France, cette position est d'ailleurs celle des services de l'État, qui définissent l'alerte comme « la diffusion, en phase d'urgence, d'un signal destiné à avertir les individus d'un danger » (DGSCGC, 2013). L'alerte incombe aux services du Ministère de l'Intérieur, la mise en vigilance aux services du Ministère de l'Environnement, et la mise en action est ensuite dévolue aux individus, comme le demande la loi de modernisation de la sécurité civile de 2004.

L'alerte est également un sujet de recherche géographique dans la mesure où elle mobilise de grandes dimensions propres à la géographie : une dimension spatiale (*où et à quelle échelle dois-je alerter ?*), une dimension temporelle (*à quel moment dois-je alerter ?*), une dimension territoriale (*quelles sont les caractéristiques territoriales que je dois prendre en compte pour alerter ?*), une dimension sociale (*qui et comment dois-je les alerter ?*) et une dimension environnementale (*avec quelle cinétique, magnitude ou emprise les dangers ou les menaces vont-ils se produire ?*). La mise en relation de ces dimensions incite à aborder ces questions avec une démarche holistique (par exemple, *quelle chaîne de traitement mettre en œuvre, de la détection des aléas jusqu'à la sécurité des individus,* ou *comment anticiper les impacts des effets dominos ?*), et d'avoir une focale géographique systémique par à aller au delà des études monographiques pour tendre vers une approche de plus en plus systémique, partagée et intégrée.

Symboles de cette diversité, tous ces travaux se rattachent à différents courants de recherche. Certains s'inscrivent dans le domaine de la *géographie physique*, en cherchant principalement à comprendre les caractéristiques des aléas (cinétique, emprise, temporalité). C'est le cas par exemple des travaux sur les systèmes d'alerte précoce (Lavoix, 2006 ; Garcia, 2012). D'autres se rattachent à une *géographie* plus *sociale*, focalisée davantage sur les individus et leurs besoins en cas d'alerte (Creton-Cazanave, 2010 ; Ruin et al., 2007 ; Dubos-Paillard, 2019). D'autres s'inscrivent dans la *géographie des risques*, étudiant l'alerte et sa gestion sous l'angle des enjeux (matériels, immatériels) et des vulnérabilités (individuelles, sociales, organisationnelles, structurelles), voire de la résilience (Vinet, 2007 ; November et al., 2007 ; Bopp, 2021 ; Fenet et Daudé, 2021). Proposer ce découpage est néanmoins critiquable, car cela revient à cloisonner tous ces travaux et à les cataloguer dans des courants « hérités » d'une géographie qui s'est considérablement renouvelée depuis les années 1980. Chacun apporte aussi « sa pierre à l'édifice », et ces travaux contribuent en réalité à produire de nouveaux questionnements. A l'échelle internationale, c'est d'ailleurs encore plus difficile de classer l'ensemble des productions scientifiques.

1.2 Les territoires comme support et contrainte

Résolument tournées vers les territoires et les individus qui y vivent, malgré les risques du quotidien, nos approches s'inscrivent logiquement dans le champ de la géographie des risques. Nous avons alors répondu aux projets en assumant ce positionnement. En quelques mots, nous défendons l'idée que les caractéristiques des territoires doivent influencer la manière d'organiser et de disséminer l'alerte et que la question de l'échelle spatiale et temporelle de diffusion est centrale. Une alerte efficace doit aussi répondre à l'ensemble des prérogatives de chacun (les autorités et les populations). Si l'on étudie l'alerte sous l'angle des outils, qui n'ont pas tous les mêmes caractéristiques et sont très hétérogènes à l'échelle des territoires, on comprend aisément l'intérêt d'une telle approche. En effet, les outils ne sont pas tous adaptés selon la nature du territoire (urbain, périurbain, rural), le danger (cinétique lente ou rapide), l'échelle de la zone (qui peut aller de l'échelle départementale à l'infra-communale), et les individus, certains étant en situation de handicap, de précarité ou d'illectronisme (Bopp, 2021).

En assumant cette position, certains de nos travaux menés sous contrat ont permis le développement d'un système spatial d'aide à la décision, pour guider les autorités dans le choix des outils à déployer sur leur territoire (Bopp et Douvinet, 2022). Des matrices aléas/outils ont même été proposées, pour espérer un usage opérationnel adapté à chaque situation. La diffusion cellulaire, qui permet d'envoyer une notification qui s'affiche sur l'écran des téléphones portables (même si le téléphone est en veille ou verrouillé) apparaît comme la plus adaptée en contexte urbain densément peuplé et face à des aléas ultra-rapides (tsunamis, crues éclairs, avalanches par exemple) (Fig. 1). Les SMS géolocalisés sont davantage recommandés dans des secteurs peu urbanisés, peu sensibles à un risque de congestion sur les réseaux téléphoniques, et pour des risques moins rapides (crues de plaine, canicules et vagues de froid par exemple) (Bopp, 2021). La diffusion cellulaire est aussi recommandée en cas de menace, mais en choisissant le mode silencieux, pour éviter que le bruit de la notification n'indique aux auteurs malveillants la position d'individus cachés. Cependant, il ne faut pas contraindre de telles matrices dans des cadres spatio-temporels figés (Douvinet, 2018) : la limite justifiant l'utilisation d'un outil plus qu'un autre doit rester adaptative, car elle dépend des circonstances dans lesquelles le danger survient. Selon les consignes, un outil peut aussi être plus adapté qu'un autre…

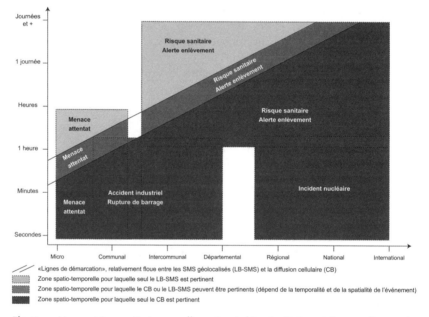

Fig. 1 Une matrice spatio-temporelle croisant aléas, territoires et deux outils attendus en France : la diffusion cellulaire (CB) et les SMS géolocalisés (LB-SMS), Bopp, 2021.

A spatio-temporal matrix combining hazards, territories and two tools expected in France: cellular broadcasting (CB) and location-based SMS (LB-SMS), Bopp, 2021.

1.3 L'analyse spatiale comme entrée méthodologique

Sur le plan méthodologique, nous dépassons justement la segmentation entre les courants de recherche propres à la géographie, pour placer l'analyse spatiale au cœur des investigations et des développements (Bailey et Gatrell, 1995 ; Pumain et Saint-Julien, 2010 ; Bavoux et Chapelon, 2014). Depuis la généralisation des Systèmes d'information géographique (SIG), l'analyse spatiale fournit des outils d'information et de formation (Masson-Vincent et Dubus, 2013), pour favoriser la communication et l'interactivité entre les acteurs de la décision (élus, experts, opérationnels, usagers, habitants). C'est aussi une opportunité pour interroger les configurations spatiales observées ou anticiper les évolutions avec des outils de simulation. L'analyse spatiale postule que les phénomènes sociétaux (ici, l'alerte) ne sont pas indifférents à leur localisation dans l'espace, mettant ainsi à la base de son objectif explicatif la causalité spatiale, l'espace n'étant pas un support passif (Sanders, 2011). Elle fait des positions des unités spatiales et de leurs interactions des déterminants décisifs quant à leur substance et leurs attributs (Bavoux et Chapelon, 2014).

Les recherches sous contrat ont permis de montrer la plus-value de l'analyse spatiale. Dans le cadre du projet ANR, la modélisation sous SIG a permis d'offrir un regard nouveau sur la spatialité de l'alerte, avec la création d'indicateurs propres à chaque outil d'alerte, mettant alors à jour des inégalités entre les territoires (Bopp, 2021 ; Bopp et Douvinet, 2020). La diffusion cellulaire a fait l'objet d'une attention particulière suite à l'annonce du déploiement de cette solution en septembre 2020. Une méthode a été testée, puis généralisée sur l'ensemble des communes de la métropole et des outre-mer (Bopp, 2021). Un taux de connectivité (*i. e.* le nombre de résidents estimés vivant dans les zones de couverture des opérateurs de téléphonie), a été multiplié par un taux d'équipement (*i. e.* le nombre d'habitants ayant un smartphone, estimé d'après les tranches d'âge et les données issus du CREDOC, 2018), pour finalement aboutir à un taux d'alertabilité (Bopp, 2021). D'après les résultats, en juin 2019, la diffusion cellulaire permettrait d'alerter 81,3 % des résidents en métropole. Dans les DROM et PTOM, les écarts seraient un peu plus marqués, et les valeurs moyennes plus faibles (74 % en Martinique, 78 % à la Réunion). Les moyennes communales révèlent une autocorrélation des indicateurs d'alertabilité, ce qui mène à des inégalités spatiales, avec des écarts bien visibles entre les pôles urbains et les territoires ruraux, où l'habitat est bien plus dispersé (Bopp, 2021). En réactualisant les données, de nouvelles estimations ont été faites début 2023, montrant une atténuation des disparités spatiales observées en 2020, grâce à une meilleure couverture par les opérateurs de téléphonie mobile.

2   ... et de mettre à profit l'interdisciplinarité

2.1 Les défis posés par l'interdisciplinarité

L'alerte en France est un sujet qui intéresse aussi d'autres disciplines depuis plusieurs décennies. Sans prétendre à la moindre exhaustivité, on peut citer des travaux menés au sein d'autres sciences sociales, notamment en sociologie des risques (Gilbert, 2003 ; Chateauraynaud, 2009 ; Becerra et Peltier, 2009), en psychologie sociale ou environnementale (Kouabenan, 2006 ; Weiss *et al.*, 2011 ; Wood *et al.*, 2018), en design (Deni, 2017) ou en sciences de l'information et la communication (Lindell *et al.*, 2019). Les messages et les réactions (individuelles ou collectives) sont ici au cœur des problématiques étudiées. Les sciences naturelles contribuent également à produire de nouvelles connaissances, en informatique (Aloudat et Michael, 2011 ; Arru, 2019 ; Haunshild *et al.*, 2023), en mathématiques (Provitolo *et al.*, 2015), en génie civil (Galasso *et al.*, 2023) ou dans le domaine de la santé (Wang *et al.*, 2023). Grâce à une certaine situation d'interface, entre sciences naturelles et sciences sociales, les géographes reflètent sans doute le mieux les liens à opérer entre les différents champs de réflexion. Il faut toutefois être sûr que les termes soient définis de la même manière pour tout le monde et que les questionnements se complètent pour vraiment faire de l'interdisciplinarité (Miller et Wentz, 2003). Les projets ayant eu une durée de vie très courte (de 12 à 18 mois maximum), les multiples réunions qui ont eu lieu auparavant ont été indispensables, pour se comprendre mais aussi pour mieux se connaître.

2.2 Mettre en situation d'alerte le grand public, pour mieux comprendre

Dans le cadre du projet ANR, à travers la mise en pratique de situations expérimentales scénarisées, des expérimentations auprès du grand public ont permis d'appréhender les réactions des individus lors de la réception d'une alerte. L'une des hypothèses fait suite aux anciens travaux de Revans (1982), qui a démontré qu'une personne retient 15 % de ce qu'elle a lu, mais 80 % de ce qu'elle expérimente par elle-même, face à une situation réelle et concrète. Pour vérifier cette hypothèse, des expérimentations ont été réalisées dans des conditions « *in situ* » et avec des personnes mises en situation d'alerte, permettant de voir et suivre les réactions des individus sans qu'un recours aux scripts habituels ne soit possible (Manetta *et al.*, 2011). A la différence de l'observation, qui requiert une intervention minimale, ou de l'enquête, qui reste une méthode interrogative, ces mises en situation ont consisté à déconnecter les individus de leur activité ordinaire, pour observer leurs comportements et analyser leurs réactions dans une situation d'alerte provoquée, mais entièrement contrôlée. La mise en place de ces expérimentations a été possible suite à l'étude du cadre déontologique, éthique et réglementaire encadrant les démarches expérimentales impliquant du public, et surtout en travaillant avec des psychologues (Weiss *et al.*, 2011) et des designers ergonomes. Deux résultats ont émergé sur les besoins individuels et collectifs : 1) des sentiments à connotation négative (peur, stress, curiosité, surprise, incompréhension) ont bien émergé chez des individus à l'écoute d'alarmes sonores ; 2) le canal d'alerte choisi intervient de façon partielle dans la modification des intentions déclarées, la gestion de l'événement prenant le pas sur l'outil utilisé.

2.3 Identifier les invariants structurels, pour tendre vers une approche holistique

Dans le cadre du projet financé par l'IHEMI, l'une des hypothèses conjointement posées était que les acteurs de l'alerte n'utilisaient pas les mêmes référentiels. Les différentes variables d'un pays liées à son héritage (social, politique, culturel et économique) empêchent alors la duplication des outils ou des systèmes existants entre les pays. Pour répondre à cette hypothèse, une approche descriptive a été menée en interrogeant différents acteurs de l'alerte dans cinq pays (Australie, Belgique, Indonésie, France et USA). Une autre lecture, par le prisme de la sociologie des organisations et la théorie de la contingence, a été envisagée suite à la retranscription des trente-quatre entretiens conduits. En postulant que les systèmes les plus adaptés à leur environnement sont les plus efficaces, les sociologues (Burns et Stalker, 1961) qui ont utilisé la théorie de la contingence ont cherché à comprendre les rapports unissant la performance au contexte. Autrement dit, l'efficacité du système d'alerte résulte de la cohérence entre les acteurs, leurs outils et les contextes, plus que de la qualité de chacun. La modification de l'un nécessite en revanche une évolution de tous les autres, au risque sinon de propager des erreurs et de rendre le système totalement inefficace.

Grâce à cette approche, quatre invariants, indépendants du niveau d'observation, ont été mis en avant : les objectifs organisationnels, les éléments structurels, la dimension technique, la culture opérationnelle. Les interactions entre ces sous-systèmes ont été mises en évidence et comparées entre les pays étudiés (Bopp *et al.*, 2021). La connaissance de ces invariants implique alors de prendre en compte les facteurs culturels et environnementaux qui influencent le fonctionnement technique ou opérationnel du système, ainsi que les relations, interactions et rétroactions existantes entre les éléments de ces quatre sous-systèmes.

2.4 *Conceptualisation d'une alerte multicanale « idéale »*

En combinant ces différents regards interdisciplinaires, nous avons abouti à la conceptualisation d'une plateforme d'alerte multicanale « idéale » (Figure 2), tout en considérant le contexte législatif français. Le POC (*proof of concept*) a été imaginé avec les éléments suivants. Une fois le danger ou la menace identifié(e), les acteurs décisionnaires appréhendent l'événement dans ses dimensions temporelles, spatiales, sociales et techniques. L'état des réseaux électriques ou de communication en temps réel est aussi une information dont ils doivent tenir compte. En cas d'envoi d'une alerte à un grand nombre de personnes, les SMS ne sont pas recommandés car ces derniers peuvent engendrer une congestion du réseau, aboutissant à un retard dans l'acheminement du SMS, ceux-ci pouvant au bout de plusieurs heures. Le fait de répondre à ces questions doit ensuite permettre de convertir la plateforme en un véritable outil d'aide à la décision : les acteurs seraient guidés dans leur choix du ou des outil(s) à utiliser selon les caractéristiques du territoire et des enjeux associés. En d'autres termes, il faut passer d'une politique où l'État décide des outils à un partage d'informations et de compétences pour gagner en efficacité et en réactivité (Douvinet *et al.*, 2021).

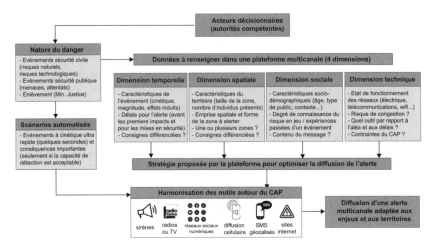

Fig. 2 Schéma conceptuel d'une plateforme d'alerte multicanale optimale combinant les différents regards disciplinaires (géographie, psychologie, design), finalisé lors du projet financé par l'IHEMI.

Conceptual diagram of an optimal multi-channel alert platform combining different disciplinary perspectives (geography, psychology, design), finalized during the IHEMI-funded project.

3 Des projets contraints par l'opérationnalité

Dans les trois projets (IHEMI, ANR, DNUM), nous avons fait le choix d'être au plus près de la réalité opérationnelle. Cette posture nous a alors rendus dépendants des prises de décision politique. Elle nous a aussi enfermés dans une logique descendante, où la population n'est considérée qu'à travers nos travaux.

3.1 La plateforme FR-Alert : du rêve à la réalité

Fin 2020, nous avions imaginé une plateforme d'alerte multicanale « idéale » (Figure 2), qui tiendrait compte des besoins utilisateurs et des attentes des populations. Mais depuis juin 2022, cette plateforme est techniquement fonctionnelle en France (FR-Alert), et les tests techniques et opérationnels sont venus remplacer le temps de la réflexion et de la conception. FR-Alert permet d'alerter la population *via* une plateforme unique, accessible en ligne *via* un réseau sécurisé, et les autorités peuvent activer les sirènes ou alerter *via* la diffusion cellulaire, selon leur volonté et sur la zone de leur choix. Deux technologies, au mode de fonctionnement et aux caractéristiques différentes, vont venir s'interfacer dans les prochains mois : les SMS-géolocalisés (annoncés pour juillet 2023) et l'alerte par satellite (juin 2024). Désormais, à la place d'un signal sonore bien peu équivoque (Creton-Cazanave, 2010), l'alerte pourra être diffusée et explicitée avec des éléments textuels, sonores et/ou oraux, en indiquant par exemple la nature et la localisation de l'évènement en cours, ou les mesures de protection à adopter. Dans le cadre des projets ANR et DNUM, nous avons participé à plusieurs réunions pour discuter de la liste des cas d'usages (la nature des événements) et les cas d'utilisations (qui fait quoi). La liste des événements, l'ergonomie de la plateforme et le contenu des messages préformatés par événement sont les éléments sur lesquels nous avons le plus apporté notre expertise (Douvinet *et al.*, 2022).

L'arrivée de FR-Alert résulte de plusieurs décisions marquantes actées par le gouvernement français, et nos recherches ont dû s'y adapter dès 2020. En créant FR-Alert, la France respecte d'un côté la directive européenne sur les télécommunications électroniques (EEEC), signée le 18 décembre 2018 par les vingt-sept pays membres de l'Union européenne, qui imposait à chaque État la mise en place d'un système d'alerte par téléphone (au plus tard 36 mois après la signature, soit en juin 2022). L'incendie survenu à Lubrizol près de Rouen le 26 septembre 2019, qui a débuté à 2 h 40 mais pour lequel seulement deux sirènes ont été activées et déclenchées à 7 h 45, a ensuite relancé le débat sur la nécessité de ne plus se limiter aux sirènes. Un an plus tard, en septembre 2020, le ministre de l'Intérieur était explicite sur les ambitions de cette modernisation : « Nous allons faire un grand pas à notre système d'alerte : le XXe siècle a vu le passage du tocsin à la sirène, le XXIe siècle sera celui du passage de la sirène au téléphone portable. » N'oublions pas non plus que l'Assemblée nationale a voté un budget très élevé (50 millions d'euros), le 31 août 2020, pour assurer le déploiement technique de la plateforme sur l'ensemble de la France (métropole et outre-mer), pour former les utilisateurs, pour sensibiliser le grand public et pour être dans une démarche d'amélioration continue. Cet effort budgétaire, en plein contexte COVID-19, permet même de couvrir l'ensemble du territoire national, alors que seuls la métropole et les DROM-COM étaient visées par la directive européenne.

3.2 Des exercices d'alerte dépendants du bon vouloir des préfectures

Même si la nouvelle plateforme est fonctionnelle, la création et la validation de la diffusion des alertes à la population relèvent d'une prise de décision qui est très encadrée en France (Douvinet, 2018). L'alerte est régie par un ensemble de procédés structurés, que seule une minorité d'acteurs a l'autorisation de valider : le maire à une échelle communale, le préfet de département, ou le ministère de l'Intérieur à une échelle nationale. L'alerte par téléphonie questionne d'ailleurs les compétences qui prévalent en France, car elle requalifie les habilitations de certains acteurs. Le premier ministre et les préfectures sont pour le moment les seuls acteurs décisionnaires autorisés à utiliser la plateforme, quel que soit le périmètre ou la nature de l'événement, et ce choix a évidemment fait l'objet de certaines critiques de la part de certains maires, voire même de certains producteurs de risques en contexte industriel.

Les préfectures ont alors fortement conditionné le choix des expérimentations que nous avons eu la chance de suivre à partir du juin 2022, de même que la nature des scénarios joués. Sur les vingt et un exercices organisés de juin 2022 à décembre 2022, force est de constater que nous n'avons pas eu la liberté de choisir les lieux des expérimentations, ni de valider le contenu final des messages testés (à l'exception de deux exercices). Quinze exercices ont eu lieu dans des secteurs couverts par un PPI (plan particulier d'intervention, donc sujet à un risque industriel, notamment parce que ces risques sont d'actualité (après Lubrizol) et relativement faciles à délimiter. Trois ont eu lieu sur la thématique du nucléaire, et u pour une menace attentat. Pour organiser des exercices sur les inondations (trois ont eu lieu), nous avons dû batailler, quitte à provoquer de nombreuses réunions, pour avoir la possibilité d'observer et de collecter des données pour de tels événements. Sur ce point, la recherche est devenue dépendante de la volonté et du bon-vouloir des préfectures, voire directement du directeur des opérations de secours (DOS) lui-même, et parfois nous avons été informés des exercices la veille, voire le lendemain.

3.3 Des pratiques opérationnelles qu'il faut désormais faire évoluer

Durant 8 exercices, nous avons pu quantifier le délai entre l'heure de connexion sur la plateforme FR-Alert et la validation de la diffusion du ou des messages (Figure 3). Un délai de moins de 10 minutes est *a priori* satisfaisant pour une plateforme qui est nouvelle et pas forcément toujours intuitive (le temps de sélectionner la zone d'alerte, de vérifier le contenu du message et de demander la validation au DOS). Un délai compris entre 10 et 20 minutes est aussi acceptable pour un premier exercice. Mais un délai plus long devient plus critiquable (surtout en condition d'exercice). Les temps estimés pour 16 messages apparaissent très satisfaisants, avec des délais parfois très courts (Figure 3). La présence du DOS à côté de l'opérateur a souvent permis une validation immédiate. La nature de l'événement ne semble toutefois pas discriminante ; des délais de 15 minutes ont été calculés pour un scénario inondation, attentat ou risque industriel. Autrement dit, si le DOS a décidé d'y consacrer le temps nécessaire, l'alerte peut être activée très rapidement. Plus les exercices seront réguliers, plus la phase d'apprentissage sera bénéfique de toute façon : des préfectures ont d'ailleurs organisé plusieurs exercices, et nous voyons que les délais sont progressivement réduits. A titre d'exemple, à Ajaccio, des individus ont reçu des notifications lors de deux exercices différents, et lors du second, certains déclarent avoir reconnu le signal sonore. Le niveau de stress est même passé de 42 % (moyenne sur 21 exercices) à 22 %. Ce constat conforte l'idée de multiplier les exercices, qu'il faut percevoir comme un moyen de sensibilisation nécessaire en amont d'une activation réelle, si l'on veut s'attendre à provoquer une réaction rapide, des esprits et des corps.

4 Science, expertise ou médiation ?

La confrontation à l'opérationnalité nous a finalement conduits à avoir une position d'expertise, voire de médiation, allant parfois au détriment de la production de nouvelles connaissances. Les questions pour lesquelles notre expertise a été requise peuvent être décrites comme des questions « vives », soit parce que les

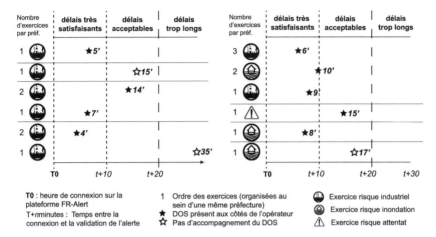

Fig. 3 Délais entre la connexion sur la plateforme FR-Alert et la diffusion effective de l'alerte.
Time between connection to the FR-Alert platform and actual dissemination of the alert.

autorités ne disposaient pas de références claires, soit parce que celles-ci donnaient lieu à des conflits d'interprétation en raison de leur caractère incertain. Ce constat est commun à d'autres travaux (Maxim et Arnold, 2012 ; Masson-Vincent et Dubus, 2013). Face à ces mises en tension, nous sommes cependant restés attachés à trois grands principes : faire preuve d'impartialité (autrement dit, fonder nos arguments scientifiques sur des faits établis), chercher la reproductibilité (pour pouvoir rester ancré dans une démarche scientifique), et évoquer sans fard les sources d'incertitudes. Les financements ont aussi fait émerger de nouvelles questions, en lien avec les nouveaux résultats progressivement obtenus.

4.1 L'expertise pour catalyser les décisions

En général, la vulgarisation permet à un « sachant » (producteur d'un savoir avec un certain codage) de transmettre ces connaissances à des « non-sachants » (qui doivent en retour décoder le message). Dans le cadre des projets menés, nous avons opté pour une vulgarisation « simple et efficace » : des livrables dans un format court (à titre d'illustration, une vidéo de 2 minutes résumant l'expérimentation d'alerte à Avignon Université) ; un résumé des résultats de l'ANR en 2 pages ; des articles de presse dans des journaux visant en priorité une audience locale (*Vaucluse Matin, Le Dauphiné*), régionale (*La Provence*) ou nationale (*Challenges, Sciences et Avenir*). La mise en ligne des données d'alertabilité (fin 2021), au nom de la Science Ouverte, a aussi permis d'afficher la recherche « en train de se faire ».

Les échanges réguliers avec les décideurs nous ont toutefois conduits à mener une expertise scientifique, comme dans bon nombre de recherches sur projet (Demortin, 2021). Nous produisons une synthèse des avis des publics après chaque exercice préfectoral ayant mobilisé FR-Alert, en espérant une intégration de cette synthèse dans les retours d'expérience menés en interne au sein des préfectures. Nous avons aussi rédigé des fiches actions (pour guider la pratique) et des fiches outils (pour évaluer la pratique), pour espérer leur intégration dans la planification. Cette expertise a conforté l'identification des équipes impliquées, mais la recherche reste placée au second plan.

La demande évolue aussi vers l'expertise-conseil : un Conseil d'experts réuni régulièrement (une fois tous les trois mois), doit permettre de définir des stratégies (à l'instar de ce qui a été mis en place par le ministère de la Santé pour faire face au COVID-19), pour apporter des réponses aux opérateurs de la plateforme FR-Alert, mais aussi de définir les orientations à mettre en place sur le long terme. Cette instance est le lieu pour débattre de points spécifiques. Une projection optimale à long terme serait de créer un centre d'alerte unique, réunissant une communauté élargie avec des représentants de la société civile, des associations, des scientifiques, des élus, à côté des acteurs opérationnels. Ce serait aussi l'occasion de rapprocher les prévisionnistes (étudiant l'anticipation des aléas) des décideurs, en dépassant des clivages qui ont tendance à se cristalliser autour des questions de responsabilités.

4.2 La médiation pour débattre de points de désaccord

Ayant une dimension plus englobante que l'expertise, la médiation a pour but de remettre la science au cœur des débats sociétaux (Dalbavie *et al.*, 2016). Une fois introduite en société, cette science peut se développer, être de plus en plus comprise et se transmettre beaucoup plus facilement. Et c'est aussi dans cette direction que nos travaux ont tenté d'apporter leurs contributions. D'un côté, nos recherches tentent de réduire le fossé qui s'est creusé entre les décideurs et la société civile. Face à une situation perçue comme dangereuse, inhabituelle ou inconnue, les populations attendent une réaction de la part des services de l'État, qui assume cette obligation de résultat depuis la fin de la Révolution française. Un événement causant des dégâts (si minimes soient-ils) devrait faire l'objet d'une alerte, ne serait-ce que pour que les individus soient au courant de la situation (Lindsay, 2011). Or, du côté des décideurs, l'alerte ne doit être engagée que si un danger est avéré, si la situation est ingérable, ou si les ressources dont ils disposent sont dépassées par rapport aux enjeux à protéger (DGSCGC, 2013). Le refus d'alerter peut venir de la familiarité du phénomène (Vaughan, 2001), de la priorisation des autres actions à mener (Vinet, 2007 ; Douvinet, 2018), ou de la crainte de la judiciarisation (Maguet, 2022), une alerte pouvant donner lieu à des conséquences pénales si elle est déclarée *a posteriori* comme mauvaise. S'ajoutent à cela les difficultés de détecter les signaux précurseurs, définis comme étant « une information de faible intensité qui est annonciatrice d'une tendance ou d'un événement bien plus important » (Ansoff, 1975).

D'un autre côté, la presse fustige très souvent certains individus pour leurs « mauvais » comportements, comme par exemple les victimes qui sont allées « récupérer leurs voitures » durant les crues rapides du 3 octobre 2015 survenues aux alentours de la ville de Cannes. Les décideurs considèrent aussi que les citoyens n'appliquent pas les consignes de façon rationnelle, et c'est d'ailleurs pour ne pas provoquer la panique (non vérifiée scientifiquement) que certaines préfectures refusent encore aujourd'hui de faire des tests avec FR-Alert. Toutefois, la mise en sécurité n'est pas innée. En effet, compte tenu de la nature anxiogène d'une alerte, une partie des individus restent confrontés à des difficultés dans l'analyse de la situation, qui se répercutent sur leur prise de décision, et plusieurs biais, cognitifs ou perceptifs, interagissent en situation réelle. Certains vont poursuivre leurs activités car ils ne se rendent pas compte du danger (Weiss *et al.*, 2011), ou ils considèrent que les conséquences seront plus dramatiques que le risque lui-même (Gisclard, 2017), quitte à privilégier leur attachement au cadre de vie, au lieu ou à la famille (Provitolo *et al.*, 2015). Pour certains parents, rappelons qu'il est inconcevable de ne pas aller chercher les enfants à l'école, par manque de confiance envers les institutions, mais aussi parce que ce comportement est socialement inacceptable pour leur entourage (Ruin *et al.*, 2007).

4.3 Et la science dans tout cela ?

Si l'accompagnement des acteurs de l'alerte se traduit par de l'expertise et de la médiation, l'enjeu est aussi d'inscrire les expérimentations et les pratiques opérationnelles dans un cadre scientifique. Or, si les projets ont bien permis la consolidation d'une démarche scientifique, la réalisation des exercices ou des expérimentations a parfois été reportée, voire annulée. Pour les autorités, les objectifs sont avant tout de progresser dans la maîtrise des procédures et des outils, et moins de comprendre les conditions qui vont jouer sur l'efficacité des alertes. Pour les chercheurs, les objectifs sont, à l'inverse, d'observer les premières réactions des individus et de collecter des données, plus que de voir la portée technique de la solution. La création d'un questionnaire en ligne (accessible depuis un lien court et inséré dans les messages d'alerte envoyés lors des 41 exercices depuis juin 2022) a permis de récolter 18 321 réponses, et ce jeu de données est original et novateur. Or, le contenu des messages a parfois été médiatisé avant les exercices, ce qui a pu impacter les premiers ressentis des individus qui ont reçu les notifications (et donc mettre en cause le protocole méthodologique). L'enjeu est évidemment de ne pas perdre le fil de la démarche scientifique, et de trouver le juste équilibre pour avancer tous ensemble.

D'un autre côté, les collaborations avec différents services du ministère de l'Intérieur nous ont permis d'améliorer nos connaissances sur des aspects techniques, juridiques et opérationnels, et de nouveaux questionnements scientifiques ont émergé. Nous avons observé par exemple que la précision spatiale de la diffusion cellulaire était relativement faible, car la diffusion du message, par onde radio, dépasse la zone d'alerte initialement retenue. Ce constat a fait émerger le besoin de quantifier et de spatialiser une telle imprécision, dans différents contextes, en lien avec les opérateurs de téléphonie mobile, qui trouvent à leur tour un intérêt dans les approches que nous menons. Les temporalités de diffusion des messages et la procédure qui encadre l'usage de FR-Alert questionnent aussi sur de nouveaux aspects. Faut-il diffuser un premier message d'information ou de mise en vigilance, puis indiquer des consignes dans un second message, d'alerte cette fois-ci, pour graduer le temps de l'action ? Si c'est le cas, quels sont les délais pour le faire et pour quels événements pourrait-on le faire ? Faut-il aussi ouvrir l'usage de FR-Alert à l'ensemble des maires (et donc les former) ainsi qu'aux prévisionnistes (Météo France, CENALT pour le risque tsunami, etc.) ? En définitive, FR-Alert est une innovation technique, mais elle pourrait bien induire un bouleversement organisationnel, social et spatial, de la gestion des crises et de l'alerte, en France voire en Europe, ce qui est très stimulant d'un point de vue scientifique. A condition toutefois de sortir d'une vision « techno-centrée », qui est inefficace et qui est critiquée depuis de très nombreuses années (McLuckie, 1970 ; Mileti et Sorensen, 1990 ; Didier *et al.*, 2017).

5 Discussions épistémologiques

Cette section est l'occasion d'aborder une autre série de questions, d'ordre plus épistémologique, pour réfléchir à notre futur courant de recherche, notre position ayant évolué suite à ces projets financés. La discussion s'est structurée autour de trois questions : 1) en tant que chercheurs, que voulons-nous encore savoir sur l'alerte ? 2) quelle est la spécificité du regard que la géographie porte sur l'alerte ? 3) qu'apporte, de plus ou de différent, ce regard par rapport aux autres disciplines scientifiques ?

5.1 Que voulons-nous encore savoir sur l'alerte ?

Les questionnements sur la territorialisation de l'alerte n'en sont qu'à leur début. Nous avons réussi à travailler avec les autorités pour concevoir des messages d'alerte adaptés aux besoins et fondé sur une analyse de la littérature opérationnelle et scientifique (Douvinet *et al.*, 2022). Si ce travail permet de guider les acteurs et d'habituer la population à la forme du message d'alerte, encore faut-il aboutir à une véritable territorialisation des contenus, pour tendre vers des messages adaptés à chaque situation, alors que les tendances vont de plus en plus vers une confiance accrue à la technologie (au détriment du facteur humain ou organisationnel) et à une standardisation (un message envoyé uniformément à un grand nombre d'individus). Ce constat est d'autant plus valide que des articles scientifiques récents arrivent aux mêmes conclusions (Cain *et al.*, 2021 ; Smith *et al.*, 2022). L'approche territorialisée de l'alerte est aussi une potentielle réponse aux nombreux « faux négatifs » (*i. e.*, des aléas dommageables mais pas d'alerte) recensés chaque année. La contextualisation des procédures et des messages en amont des crises pourrait être un levier pour tenter de réduire les réticences des autorités à déclencher l'alerte, et augmenter le nombre de « vrais positifs » (des dangers associés à des alertes). Cela impose cependant un changement de doctrine et de philosophie, qui est partiellement observé à l'heure actuelle.

Du côté des individus, les délais de mise en sécurité peuvent aussi varier, allant de quelques secondes à plusieurs minutes, certaines personnes ayant besoin de temps avant d'agir (pour prendre des nouvelles de leur proche ou certifier la situation, quitte à aller voir ce qui se passe). On doit alors trouver la solution la plus adéquate pour une réaction immédiate. Au lieu d'envoyer des consignes générales (se calfeutrer en cas de séisme, se mettre hors d'eau en cas d'inondations...), les motivations comportementales pourraient être améliorées par des suggestions indirectes. Les alertes pourraient aussi correspondre aux attentes de chaque individu *via* les outils d'intelligence artificielle. Ces pistes méritent d'être creusées, même si une chose est certaine : ne pas se préoccuper ni de la réception, ni de l'appropriation de l'alerte chez la population, conduit à systématiquement reproduire les mêmes erreurs. L'absence de vision commune entraîne une dispersion des ressources, que P.-H. Bourrelier dénonçait déjà en 2001 comme des « prés carrés » (Scarwell et Laganier, 2004), et ce constat nuit indéniablement à une bonne synergie et une réelle coordination des actions.

Le fait de travailler avec les acteurs opérationnels et institutionnels nous a également enfermés dans une logique descendante, qui induit inévitablement des biais (considérer les citoyens au bout de la chaîne d'alerte), et dont il faut sortir régulièrement pour éviter un tel cloisonnement. Pour cela, il faut rester à l'écoute des citoyens, et dans les prochains mois, nous allons d'ailleurs mettre en situation différents groupes de citoyens, notamment des experts (des individus investis dans des réserves communales ou dans des associations de prévention des risques), des « empêchés » (des individus réticents à la moindre innovation technologique ou n'ayant pas de smartphones) ou des « vulnérables » (des personnes qui n'ont pas la même lecture des mots ou qui souffrent de handicaps et/ou de traumatismes post-attentats), en lien avec une fondation. Ces mises en situation, prenant la forme d'ateliers, permettront d'accroître les connaissances sur les besoins individuels, indépendamment de tout aspect technologique, d'autant que le recours au questionnaire en ligne a évidemment laissé de côté une partie de la population.

5.2 Quelle est la spécificité du regard de la géographie ?

En tant que géographes, nous portons un regard sur la spatialité et sur les échelles de l'alerte. Mais ce qui nous intéresse le plus, c'est la façon dont cette alerte peut être organisée selon les territoires, pour objectiver le processus, identifier des structures récurrentes, ou au contraire détecter des inégalités sur lesquelles il faut travailler pour, en retour, les réduire. C'est par cette originalité et ce regard que nos pratiques en géographie s'imposent comme une discipline indispensable à mobiliser quand on évoque le sujet de la diffusion de l'alerte à la population. C'est également en prouvant l'existence d'inégalités spatiales, en démontrant l'incompatibilité entre la binarité de la décision et le manque de certitudes sur la magnitude des aléas, ou en mettant à jour une grande diversité de réactions selon les contextes, que la géographie se distingue, avec un regard qu'aucune autre discipline ne saurait exprimer. Un autre apport est d'ordre méthodologique.

En multipliant les protocoles, les méthodes et les indicateurs, nos pratiques en géographie ont permis de comparer des observations empiriques à des modèles (théorie), et à confronter les usages (observés) à un potentiel d'utilisation (généralisable). Les allers-retours entre des approches descriptives (« *comment ça marche ?* ») et des approches bien plus holistiques (« *un tel argument est-il (ou non) prouvé ?* »), ont permis d'identifier des récurrences. Et parmi les nombreux faits avérés, celui qui intéresse le plus les géographes, c'est en réalité moins le monde artificiel et technologique que le rapport qu'entretiennent les êtres humains avec leurs espaces, et les interactions qu'ils ont ou qu'ils auraient avec leur environnement en cas d'alerte réelle.

5.3 En quoi ce regard est-il différent des autres disciplines ?

Certains de nos questionnements sont proches de ceux posés dans d'autres disciplines, notamment sur les relations entre les individus et les alertes, voire plus largement sur les relations entre les sciences et la société, qui émergent dans le débat public depuis une vingtaine d'années. Le regard du géographe reste néanmoins atypique par rapport aux autres, comme nous avons pu le constater au cours des projets menés sous contrat, pour trois principales raisons : 1) le fait de placer le territoire au centre du système, et de le définir comme un espace socialisé et vécu, permet de s'affranchir d'une lecture monographique de certains éléments qui le composent, pour tendre vers une lecture plus globale ; 2) la territorialisation de l'alerte est un facteur déterminant qui agit sur d'autres faits, sociaux ou spatiaux, comme le déni ou les phénomènes de réactance à la réception d'une notification d'alerte. La géographie offre donc un regard particulier sur des objets aussi étudiés par d'autres ; 3) l'analyse spatiale permet de souligner les liens entre les structures territoriales et la nécessaire adaptation de l'alerte (Bopp et Douvinet, 2022), l'alerte étant un processus évolutif et non un seul point de rupture. Et pour aborder ces questions, il convient de mobiliser différentes échelles de réflexion.

Conclusion

Cet article a permis de nous questionner sur les pratiques de recherche que nous avons menées dans le cadre de divers projets. Ces projets ont pour point commun la production de nouvelles connaissances aux côtés des acteurs chargés de la diffusion et la modernisation de l'alerte à la population en France. Sans ces contrats, nous n'aurions pas appris autant sur les aspects techniques, humains, opérationnels, ou même politiques. En parallèle, ces financements ont donné de la visibilité à notre positionnement (pour défendre l'importance d'une approche territorialisée de l'alerte) et sur notre capacité à mener des réflexions avec d'autres disciplines scientifiques, même si la confrontation à l'opérationnalité nous a, en revanche, contraints dans l'orientation de certains questionnements voire dans le choix des lieux des expérimentations. Les réponses aux questions posées initialement sont donc ambivalentes, et l'enjeu est désormais de trouver le juste équilibre entre science, expertise scientifique et médiation.

Plusieurs verrous restent néanmoins à lever pour les prochaines années. La plateforme FR-Alert est une innovation technologique, mais il faut la convertir en une innovation sociale, voire en un véritable outil d'aide à la décision. Les questions d'échelles restent aussi à débattre : la figure 2 montre que certains outils sont plus adaptés que d'autres à la situation, mais ces suggestions restent théoriques si les acteurs ne s'y réfèrent jamais. Deux perspectives sont actuellement explorées : 1) comparer les enquêtes menées dans d'autres pays de l'Union européenne (en Italie, Roumanie, Italie, Espagne et Pays-Bas notamment, car la diffusion cellulaire y est aussi effective, depuis 2012 aux Pays-Bas ou depuis 2020 en Roumanie), pour identifier des points de divergence ou des points communs ; 2) alimenter les modèles de simulation pour simuler les évacuations possibles en cas d'événements, et intégrer toutes les données empiriques accumulées grâce à ces projets dans une seule et même plateforme.

Remerciements

Les auteurs de cet article tiennent vivement à remercier les organismes qui ont financé les projets évoqués, non seulement pour les crédits alloués, mais aussi pour la confiance qu'ils ont accordée à nos travaux. On pense notamment à l'IHEMI, à l'ANR, au SGDSN et à la DNUM. Nous avons indiqué le nom de certaines personnes dans les lignes suivantes, mais pour d'autres, par respect pour leur fonction, nous avons souhaité les anonymiser. Nous remercions ainsi ATRISC (G. Martin, L. Pinganaud, R. Vidal, B. Weckel), CHROME (K. Weiss, L. Roussel, T. Jezierski), PROJEKT (B. Gisclard), ESPACE (K. Emsellem, C. Genre-Grandpierre, D. Josselin, A. Bouffel, N. Brachet, A. Dalle, V. Salin), F24 (A. Granget, T. Belkowiche) et toutes les personnes qui ont été rattachés de façon ponctuelle au laboratoire ESPACE (M. Dumonteil, C. Cavalière, N. Carles). Nous adressons également nos remerciements à la DNUM (R. Moutard, M. Weil), à la DGSCGC (K. Kerzazi, J. Nattes), aux préfectures qui ont intégré le lien du questionnaire en ligne et celles avec qui nous avons de nombreuses collaborations à venir, et à Avignon Université pour leur accompagnement dans le montage et le suivi des projets. Il convient aussi d'ajouter les parties prenantes qui ont permis l'organisation des exercices d'alerte et toutes les personnes qui ont participé aux expérimentations et celles qui ont répondu au questionnaire en ligne. *In fine*, merci aux relecteurs qui ont accepté de critiquer cet article et qui, par la grande qualité de leurs questions, leurs commentaires et leurs suggestions, ont permis d'améliorer le contenu de cet article.

Université d'Avignon
UMR ESPACE 7300 CNRS
74 rue Louis Pasteur, Case 19
84000 AVIGNON Cedex 1
Johnny.douvinet@univ-avignon.fr
Esteban.bopp@univ-avignon.fr
Matthieu.vignal@univ-avignon.fr
Pierre.foulquier@univ-avignon.fr
allison.cesar@yahoo.fr

Bibliographie

Aloudat, A., Michael, K., (2011). « The application of location-based services in national emergency warning systems: SMS, cell broadcast services and beyond », *Proceedings of the 2010 National Security and Innovation Conference*. Australian Security Research Center, Canberra, p. 21-49.

Ansoff, H. I. (1975). « Managing Strategic Surprise by Response to Weak Signals », *California Management Review*, 18(2), p. 21-33. https://doi.org/10.2307/41164635

Arru, M., Negre E., Rosenthal-Sabroux, C. (2019). « To Alert or Not to Alert ? That Is the Question », *Proceedings of the 52nd Hawaii International Conference on System Science*, p. 649-658.

Bailey, T.C., Gatrell, A.C. (1995). *Interactive Spatial Data Analysis*, vol. 413, Longman Scientific & Technical Editor, Essex, UK.

Bavoux, J.-J., Chapelon, L. (2014). *Dictionnaire d'analyse spatiale*, Paris, Armand Colin, 607 p.

Becerra S., Peltier A. (dir.) (2009). *Risques et environnement : recherches interdisciplinaires sur la vulnérabilité des sociétés*, Paris, Éditions Harmattan, Collection Sociologies et environnement, 575 p.

Bopp, E., Douvinet, J., (2020). « Spatial performance of location-based alerts in France », *International Journal of Disaster Risk Reduction* 50, 101909. https://doi.org/10.1016/j.ijdrr.2020.101909.

Bopp, E. (2021). *Évaluation et spatialisation du potentiel offert par les moyens d'alerte centrés sur la localisation des individus. Expérimentations à différentes échelles en France* (Thèse de doctorat en géographie, Avignon Université), 344 p.

Bopp, E., Douvinet, J. (2022). « Alerting people prioritizing territories over technologies. A design framework for local decision makers in France », *Applied Geography*, 146, 102769.

Bopp, E., Gisclard, B, Douvinet J., Martin G., Weiss, K. (2021). « How to improve alert systems: the technical, human, environmental and structural aspects », *Australian Journal of Emergency Management*, p. 67-75.

Boudou, M. (2015). *Approche multidisciplinaire pour la caractérisation d'inondations remarquables : enseignements tirés de neuf événements en France (1910-2010)* (Thèse de doctorant en géographie, Université Paul Valéry-Montpellier III), 450 p.

Burns, T., Stalker G.M. (1961). *The Management of Innovation*, London, Editions Tavistock, 280 p.

Cain, L., Herovic, E., Wombacher K. (2021). « "You are here": Assessing the inclusion of maps in a campus emergency alert system », *J Contingencies and Crisis Management*, vol. 29, n° 3, p. 332-340.

Chateauraynaud, F. (2009). *Public controversies and the Pragmatics of Protest. Toward a Ballistics of collective action*, Culture Workshop, Editions Harvard University, 2009.

Créton-Cazanave L. (2010). *Penser l'alerte par les distances. Entre planification et émancipation, l'exemple du processus d'alerte aux crues rapides sur le bassin versant du Vidourle* (Thèse de doctorat de géographie, Université Joseph-Fourier — Grenoble I), 350 p.

Dalbavie J., Da Lage E., Gellereau M. (2016). « Faire l'expérience de dispositifs numériques de visite et en suivre l'appropriation publique : vers de nouveaux rapports aux œuvres et aux lieux de l'expérience ? », *Études de communication*, vol. 1, p. 109-118.

Daupras, F., Antoine, J. M., Becerra, S., Peltier, A. (2015). « Analysis of the robustness of the French flood warning system: a study based on the 2009 flood of the Garonne River », *Natural Hazards*, vol. 75, n° 1, p. 215-241.

Demortin, D. (2021). « Experts scientifiques et action publique : paradoxe et perspectives de recherche pour la sociologie politique de l'expertise », *Sciences sociales et santé*, vol. 2, n° 39, p. 33- 41.

Didier D., Bertnatchez P., Dumont D. (2017). « Systèmes d'alerte précoce pour les aléas naturels et environnementaux : virage ou mirage technologique ? », *Revue des sciences de l'eau,* vol. 30, n° 7, p. 115-146.

Direction Générale de la Sécurité Civile et de la Gestion des Crises. (2013). *Guide Orsec. Alerte et information des populations*, ministère de l'Intérieur, vol. 6. n° 4, 91 p.

Douvinet, J. (2018), *Alerter la population face aux crues rapides en France : compréhension et évaluation d'un processus en mutation*, Habilitation à Diriger des Recherches (HDR), vol. 1, Avignon Université, 264 p.

Douvinet, J., Bopp, E., Gisclard, B., Martin, G., Weiss, K., Prefect Condemine, J.-P., 2020. *Which type of Public Warning System should France adopt by 2021 ?*, IHEMI Internal Report, Avignon, 75 p.

Douvinet, J., Cavalière, C., Bopp, E., Weiss, K., Emsellen, K., Gisclard, B., Martin G. Coulon, M. (2022). « Évaluer la perception de notifications d'alerte scénarisées dans différents contextes en France : enjeux et perspectives », *Cybergéo*. https://doi.org/10.4000/cybergeo.39454.

Dubos-Paillard, E. (2019). *Cheminements géographiques. De la modélisation urbaine à l'analyse des perceptions du risque inondation*, Habilitation à Diriger des Recherches (HDR), vol. 1, Paris 1, 280 p.

Fenet, J., Daudé, É. (2020). « La population, grande oubliée des politiques de prévention et de gestion territoriales des risques industriels : le cas de l'agglomération rouennaise », *Cybergeo: European Journal of Geography*, http://journals.openedition.org/cybergeo/34020.

Galasso G., Zuccolo E., Aljawhari K., Cremen G., Melis N.S. (2023). « Assessing the potential implementation of earthquake early warning for schools in the Patras region, Greece », *International Journal of Disaster Risk Reduction*, vol. 90, https://doi.org/10.1016/j.ijdrr.2023.103610

García, C. (2012). « Concevoir et mettre en place un Système d'Alerte Précoce Intégré plus efficace dans les zones de montagnes : une étude de cas en Italie du Nord », *Revue de géographie alpine*, vol. 100, n° 1, p. 1-11.

Gilbert, C. (2003). « La fabrique des risques », *Cahiers internationaux de sociologie*, vol. 1, n° 114, p. 55-72.

Gisclard, B. (2017). *L'innovation sociale territorialisée : un levier de réappropriation du risque inondation par les habitants. L'exemple des crues rapides dans les territoires ruraux du Gard et du Vaucluse (France)* (Thèse de doctorat en géographie et en psychologie environnementale, Université d'Avignon et des Pays du Vaucluse), 417 p.

Goodchild, M.F. (2007). « Citizens as sensors: the world of volunteered geography », *GeoJournal*, vol. 69, p. 211-221.

Grossetti, M., Millard, B. (2003). « Les évolutions du champ scientifique en France à travers les publications et les contrats de recherche », *Actes de la recherche en sciences sociales*, vol. 148, p. 47-56.

Haunschild J., Pauli S., Reuter C. (2023). « Preparedness nudging for warning apps ? A mixed-method study investigating popularity and effects of preparedness alerts in warning apps », *International Journal of Human-Computer Studies*, vol. 172, https://doi.org/10.1016/j.ijhcs.2023.102995

Kouabenan, R. (2006). « Beliefs and the perception of risks and accidents », *Risk Analysis*, vol. 18, n° 3, p. 243-252.

Kouadio, J.K. (2016). *Les technologies smartphones comme outils d'aide à l'alerte aux crues rapides en France – Expérimentations dans le Var et le Vaucluse* (thèse de doctorat en géographie, Avignon Université), 220 p.

Lagadec, P. (2015). *Le continent des imprévus*. Journal de bord des temps chaotiques. Paris, France, Editions Manitoba/les Belles Lettres, 254 p.

Lavoix, H. (2006). *Construire un système d'alerte précoce des crises*. Rapport interne du Département des études de sécurité de l'IFFRI, 35 p.

Lindell, M.K., Huang, S.K., Wei, H.L., Samuelson, C.D. (2019). « Perceptions and expected immediate reactions to tornado warning polygons », *Risk analysis*, vol. 80, n° 1, p. 683-707.

Lindsay, B.R. (2011). « Social Media and Disasters: current uses, future options, policy considerations », *Congressional Research Service*, Vol 7, n° 5700.

Maguet M., Mouret L., Auclair S., Guénégo P.Y., Millet J. (2022). « L'alerte et l'information des populations en phase de crise : la population est-elle positionnée au cœur de sa sauvegarde ? », Rapport interne IHEMI, 81 p.

Manetta, C., Salès-Wuillemin, E., Gaillard, A., Montet, A., Urdapilleta, I. (2011). « Influence of tasks on representation: Application to women fragrances ». *Journal of Applied Social Psychology*, vol. 41, p. 656-679.

Masson-Vincent, M., Dubus, N. (2013). *Géogouvernance, Utilité sociale de l'analyse spatiale*, Éditions QUAE, Paris, 218 p.

Maxim L. Arnold G. (2012). « Entre recherche académique et expertise scientifique : des mondes de chercheurs », *Hermès, La Revue*, vol. 64, p. 9-13. https://doi.org/10.4267/2042/48375.

Miller, H., Wentz E. (2003). « Representation and Spatial Analysis in Geographic Information Systems », *Annals of the Association of American Geographers*, vol. 93, n° 3, p. 574-594.

McLukie B.F. (1970). *The warning system in disaster situations: A selective analysis*. Report series 9. University of Delaware Disaster Research Center, Newark, DE, USA, 68 p.

Mileti D.S., Sorensen J.H. (1990). *Communication of emergency public warning. A social science perspective and state-of-the-art assessment*. Oak Ridge National Laboratory, Oak Ridge, USA, 166 p.

November, V., Delaloye, R., Penelas, M. (2007). « Gérer et alerter. Les acteurs et leurs pratiques dans le cas des risques d'inondation en Suisse », *Journal of Alpine Research| Revue de géographie alpine*, vol. 95, n° 2, p. 73-83.

Provitolo, D., Dubos-Paillard, E., Verdière, N., Lanza, V., Charrier, R., Bertelle, C., & Aziz-Alaoui, M. A. (2015). « Les comportements humains en situation de catastrophe : de l'observation à la modélisation conceptuelle et mathématique », *Cybergeo: European Journal of Geography*.

Pumain, D., Saint-Julien, T. (2010). *L'analyse spatiale : les localisations* (t. 1), Armand Colin, Paris, 167 p.

Revans R.W. (1982). « What is Action Learning ? », *Journal of Management Development*, vol. 1, n° 4, p. 64-75.

Ruin, I., Gaillard, J. C., Lutoff, C. (2007). « How to get there ? Assessing motorists' flash flood risk perception on daily itineraries », *Environmental hazards*, vol. 7, n° 3, p. 235-244.

Sanders L. (2011). « Géographie quantitative et analyse spatiale : quelles formes de scientificités ? », in Thierry Martin. *Les sciences humaines sont-elles des sciences ?*, Paris, Vuibert, 17 p.

Scarwell H., Laganier R. (2004). *Risque d'inondation et aménagement durable des territoires*, Presses Universitaire Septentrion, Paris, 244 p.

Smith K.R., Grant S., Thomas R.E. (2022). « Testing the public's response to receiving severe flood warnings using simulated cell broadcast », *Natural Hazards*, 21 p., https://link.springer.com/article/10.1007/s11069-022-05241-x.

Vaughan, D. (2001). « La normalisation de la déviance ». In Bourrier, M. (éd.), *Organiser la fiabilité*. Éditions L'Harmattan, Paris, p. 201–230.

Vinet, F. (2007). *Approche institutionnelle et contraintes locales de la gestion du risque. Recherches sur le risque inondation en Languedoc-Roussillon*, mémoire d'habilitation à diriger des recherches, Université Paul Valéry-Montpellier III. 287 p.

Vogel J.-P. (2017). *Deuxième partie une mise en œuvre perfectible des deux principaux volets du SAIP, marqués par d'importants retards*, Rapport d'information au nom de la commission des finances sur le système d'alerte et d'information des populations (SAIP), Rapport n° 595, 48 p.

Wang, L., Chen, X., Zhang, L., Li, L., Huang, Y., Sun, Y., Yuan, X. (2023). « Artificial intelligence in clinical decision support systems for oncology », *International Journal of Medicine Science,* vol. 1, n° 20, p. 79-86. https://www.doi:10.7150/ijms.77205

Weiss, K., Girandola, F., Colbeau-Justin, L. (2011). « Les comportements de protection face au risque naturel: de la résistance à l'engagement », *Pratiques psychologiques*, vol. 17, n° 3, p. 251-262.

Wood, M. M., Mileti, D. S., Bean, H., Liu, B. F., Sutton, J., Madden, S. (2018). « Milling and public warnings », *Environment and Behavior*, vol. 50, n° 5, p. 535-566.

Mener une thèse de géographie en Cifre au sein d'un projet de recherche pluridisciplinaire et multi-partenarial

Conducting a Cifre geography thesis within a multidisciplinary and multi-partner research project

Quentin Rivière

Doctorant Cifre SHS mention Géographie, Université de La Réunion/Océan-Indien : Espaces et Sociétés (OIES) – EA 12/Conservatoire du littoral

Christian Germanaz

Maître de conférences émérite, Université de La Réunion/Océan-Indien : Espaces et Sociétés (OIES) – EA 12

Béatrice Moppert

Maîtresse de conférences, Université de La Réunion/Océan-Indien : Espaces et Sociétés (OIES) – EA 12

François Taglioni

Professeur des Universités, Université de La Réunion/Océan-Indien : Espaces et Sociétés (OIES) – EA 12/ UMR Prodig.

Résumé — Inscrits dans un mouvement contemporain de production de connaissances sur la pluralité des contextes et des pratiques de recherche et notamment en Sciences humaines et sociales, nous proposons dans cet article d'interroger un contexte singulier d'apprentissage de la pratique de recherche en géographie. À travers le développement de l'expérience d'un doctorant qui réalise sa thèse dans le cadre d'un dispositif de Convention industrielle de formation par la recherche (Cifre) et d'une recherche pluridisciplinaire et multi-partenariale sur projet, les auteurs appréhendent les spécificités particulières ou non des pratiques de recherche et des adaptations dans ce contexte de travail. A la suite, le doctorant se demande dans quelle mesure son sujet de recherche doctorale a été inspiré et dynamisé par cette étude pluridisciplinaire menée sur les savanes des bas de l'ouest réunionnais. Une approche réflexive a été nécessaire pour investiguer la posture du chercheur en Cifre, les méthodes et les outils mobilisés pour s'adapter à une situation de recherche appliquée et impliquée.

Abstract — *As part of a contemporary movement to produce knowledge on the plurality of research contexts and practices, particularly in the humanities and social sciences, this article proposes to examine a singular context of learning the practice of research in geography. Through the development of the experience of a doctoral student who is carrying out his thesis within the framework of an Industrial Convention for Training through Research (Cifre) scheme and a multidisciplinary and multi-partner research project, the authors apprehend the specificities, particular or not, of research practices and adaptations in this working context. Subsequently the doctoral student questions the extent to which his PhD research topic has been inspired and stimulated by this multidisciplinary study carried out on the savannahs of the western lowlands of Réunion. A reflexive* *approach has been required to investigate the posture of the Cifre researcher, as well as the methods and tools mobilized to deal with an applied and involved research situation.*

Mots-clefs recherche doctorale, Cifre, géographie, pratique, pluridisciplinarité, multi-partenariat

Keywords *PhD research, Cifre (Industrial Convention for Training through Research), geography, practice, multidisciplinarity, multi-partnership*

Dans le champ des sciences sociales de nombreux retours d'expériences de thèse en Convention industrielle de formation par la recherche (Cifre) ont révélé la complexité de ce format de financement (Gaglio, 2008 ; Foli et Dulaurans, 2013 ; Hellec, 2014 ; Robolledo, 2016 ; Rouchi, 2018 ; Tastet, 2019 ; Renault Tinacci, 2020 ; De Feraudy *et al.*, 2021). Si bien sûr les doctorants signalent que les difficultés expérimentées sont franchissables, nous percevons une légère amertume chez certains, devant la dissipation inévitable, semble-t-il, du temps et des actions qui ne s'articulent pas directement avec le projet de thèse. Ils mettent l'accent sur le découplage entre le temps long de la recherche et la temporalité plus réduite des organismes qui attendent rapidement des résultats (Hellec, 2014 ; Rouchi, 2018). Ils se confrontent bien souvent à un exercice délicat consistant à maintenir une certaine indépendance en présentant des résultats d'analyse qui ne vont pas forcément dans le sens attendu (ou espéré) par le « financeur » du projet (Foli et Dulaurans, 2013). Il s'agit là de trouver un équilibre pour que le travail soit à la fois opérationnel pour le partenaire financeur et qu'il présente aussi une scientificité propre pour assurer la reconnaissance de ses pairs à l'université.

Cet article s'inscrit dans la lignée de ces retours d'expériences de thèse Cifre en relation avec les pratiques de recherches engagées par les doctorants, dans le domaine des Sciences humaines et sociales. Nous proposons de mener une réflexion sur la recherche en SHS dans le cadre du montage et du déroulement d'une thèse Cifre qui s'est enrichie mais aussi complexifiée par son association à un projet de recherche-action pluridisciplinaire et multi-partenarial mené sur les savanes à La Réunion. Nous montrerons alors dans quelle mesure cette recherche doctorale a été inspirée et dynamisée par ce projet.

Il s'agira ensuite d'interroger la posture du doctorant, sur les méthodes et les outils mobilisés pour s'adapter à une situation de recherche appliquée et impliquée dans le double contexte d'un projet de recherche et d'une thèse Cifre, qui là aussi sous-entend un double contexte académique et professionnel (Renault Tinacci, 2020). Nous discuterons également de l'expérience de la recherche sur projet et en équipe, en développant les apports et les limites d'une recherche pluridisciplinaire qui s'est construite en parallèle de la constitution d'un partenariat élargi, suscitant de nouvelles interrogations mais parfois aussi des points de blocage imposant une réorientation des actions proposées. Nous proposerons enfin d'interroger les spécificités qu'une thèse Cifre suppose pour un doctorant en termes d'approche du terrain et de gestion des relations multi-institutionnelles.

1 L'origine du projet de thèse Cifre associé au projet de recherche « savanes »

Les conventions industrielles de formation par la recherche (mises en œuvre par l'Association nationale de la recherche et de la technologie) ont été créées en France en 1981 afin de mettre en lien étroit le monde socio-économique et les laboratoires de recherche. Autrement dit, l'ambition de ces financements de thèse de doctorat était dès le départ de donner aux doctorants une ouverture vers l'entreprise en décentrant le monde académique de la vision des jeunes chercheurs pour leur ouvrir des horizons professionnels. Les Cifre font suite à la fondation en 1980 de l'association Bernard-Gregory (ABG) qui se proposait d'œuvrer « pour l'évolution professionnelle des docteurs, la capacité d'innovation des entreprises et la valorisation des compétences issues de la formation par la recherche » (ABG, 2022). Cette volonté de faire collaborer les docteurs et les entreprises n'est donc pas nouvelle. Elle s'incarne également depuis 1995 dans les doctoriales qui sont pour les doctorants un temps de réflexion sur leurs compétences et leurs projets professionnels, et un lieu d'échanges avec les différents acteurs du monde socio-économique. Les doctorants prennent ainsi conscience des atouts de leur formation par la recherche, de la richesse et la diversité de la vie des acteurs de leur territoire. Enfin, au début des années 2010, ma thèse en 180 secondes, concours de présentation et de vulgarisation des sujets de thèse des doctorants, devient un temps fort d'ouverture des champs académiques des jeunes chercheurs vers le grand public, mais aussi l'entreprise.

Ces actions tendent toutes vers un même but qui est de mettre en valeur les qualifications des doctorants et des jeunes docteurs afin de mieux préparer leur insertion dans les mondes professionnels. De ce point de vue, les performances des Cifre sont éloquentes puisque plus de 70 % des doctorants en Cifre rejoignent ou poursuivent leur carrière professionnelle dans le secteur privé, contre moins de 50 % de l'ensemble des docteurs (Cifre, 2022).

À l'Université de La Réunion, sur la période 2012-2022, ce sont en moyenne 2 thèses par an qui ont reçu un financement Cifre en Sciences humaines et sociales (SHS) sur une moyenne de 30 primo-doctorants sur la même période, soit environ 7 % des doctorants. Ce taux est plus élevé en Sciences Technologies Santé (STS) car les sujets proposés par le monde socio-économique réunionnais sont plus nombreux qu'en SHS.

Nous proposons ainsi dans ce contexte, d'appréhender la constitution et la mise en œuvre d'une thèse réalisée en Cifre, dans le domaine des SHS et construite à partir d'un projet de recherche scientifique mené à La Réunion.

1.1 Le projet de recherche « savanes » comme porte d'entrée en thèse

Dès le début des années 2000, le Conservatoire du littoral (CDL) a entrepris une action de maîtrise foncière sur le site de la savane du cap La Houssaye, situé sur la commune de Saint-Paul de La Réunion. En 2022, il est devenu propriétaire de 216 ha de savane et projette d'atteindre 360 ha de surface protégée.

Le Conservatoire du littoral[1] est un établissement public administratif créé par l'État en 1975. Il est chargé de mener une politique de protection foncière et de mise en gestion des espaces naturels les plus fragiles et les plus menacés, localisés sur les rivages maritimes et lacustres français (Cerles, 2007). Se basant sur des stratégies d'intervention réactualisées tous les 15 ou 20 ans, le CDL s'inscrit dans une démarche à long terme sur des zones prioritaires appréciées « à partir de la richesse écologique ou paysagère des sites et de leur vulnérabilité » (Chenat *et al.*, 2004). Le site de la savane du cap La Houssaye nécessite selon le CDL une attention particulière au vu de l'évolution rapide des processus d'urbanisation, des dynamiques écologiques et paysagères (expansion d'espèces végétales invasives et risque d'uniformisation des paysages), des usages (développement des activités récréatives), et enfin des pratiques agricoles (déprise pastorale et essor de cultures irriguées).

Cet espace a été ainsi l'objet de différentes études[2] en vue de l'établissement d'un plan de gestion mais aussi très tôt soumis à l'expertise de chercheurs historiens-paysagistes afin de réaliser un état des lieux des savanes (Briffaud et Moisset, 2002). Cette démarche, relativement rare de la part des organismes gestionnaires d'espaces protégés, est inscrite dans le projet et les modes d'intervention du CDL, qui s'affirme particulièrement sur le site du cap La Houssaye. En effet, alors que le rapport d'étude de 2002 était resté relativement confidentiel, son principal contributeur a été sollicité à nouveau en 2015 par le CDL, qui en amont de la mise en gestion du site souhaitait pouvoir consolider les connaissances sur l'histoire, les dynamiques et les usages des savanes et actualiser la définition des enjeux prioritaires de la préservation de ces paysages (Briffaud *et al.*, 2016). La singularité de cette approche mérite d'être relevée, car elle se définit à l'encontre des critiques récurrentes sur la sollicitation tardive des chercheurs en SHS, le plus souvent pour interroger les situations conflictuelles succédant à la mise en place de nouvelles mesures de protection. Une seconde originalité du contexte de l'intégration de cette thèse à un projet de recherche pluridisciplinaire et multi-partenarial, tient à son prolongement dans le cadre d'une réponse à l'appel à projet « Quels littoraux pour demain ? » de la Fondation de France. Tourné vers l'opérationnel et la proposition de modes de gestion adaptés aux contextes locaux, ce projet n'a cependant pas été évalué selon des critères de retombées économiques ou d'innovation, qui apparaissent de façon croissante dans les appels à projets, comme l'ont souligné Chantal Aspe et Marie Jacqué (2018). Du point de vue de la constitution de l'équipe, ce projet présente enfin la particularité d'avoir été initié par un historien-paysagiste, accompagné dès le début par des chercheurs en SHS. La pluridisciplinarité s'est renforcée avec l'avancement du projet et des problématiques, qui ont incité le coordinateur à solliciter des écologues, naturalistes et zootechniciens pour répondre aux besoins.

---

1 Le Conservatoire de l'espace littoral et des rivages lacustres.
2 Briffaud et Moisset, 2002 ; Debroise, 2003.

À l'inverse de nombreux projets pluridisciplinaires, ici ce sont les sciences du vivant qui viennent en appui à des questionnements posés par les SHS.

Ces études démontrent que la savane à La Réunion a été façonnée par les pratiques régulières de pâturage et de feux pastoraux[3]. Elle combine une biodiversité unique sur l'île à une histoire originale liée aux pratiques et aux usages, des débuts de la colonisation à nos jours (Briffaud *et al.*, 2016). A ces valeurs patrimoniales tant naturelles que culturelles, s'ajoutent de nouvelles valeurs de pratiques (récréatives et sportives) du fait de sa localisation sur un littoral de plus en plus urbanisé. Ces recherches ont également mis en évidence une déprise des pratiques pastorales (pâturage et feux pastoraux) qui pourrait conduire à un processus d'enfrichement par des ligneux, ayant pour effet de refermer et de banaliser ses paysages remarquables (Briffaud *et al.*, 2002 et 2016). Déjà en 2002, le premier rapport d'étude invitait à élaborer un plan de gestion en privilégiant deux axes : le maintien d'une activité pastorale pour participer à la gestion des paysages, et l'utilisation du feu pastoral pour pérenniser la ressource fourragère et éviter la prolifération des ligneux (Briffaud et Moisset, 2002). Depuis 2016, une expérimentation pyro-pastorale[4] est menée à la suite d'une étroite collaboration entre le CDL, l'équipe scientifique de recherche et des acteurs locaux des milieux institutionnels (Service départementale d'incendie et de secours (SDIS), l'Office national des forêts (ONF), la Sécurité civile) et associatifs (l'Association pour la promotion du patrimoine et de l'écologie à La Réunion (APPER)).

C'est en partant de ces axes thématiques du projet de recherche et de l'expérimentation pyro-pastorale, qu'est née la proposition de la thèse présentée dans cet article.

1.2 S'adapter au double contexte d'une recherche appliquée et impliquée/académique et professionnelle

Porté par la dynamique de recherche-action engagée en 2015, et notamment par l'expérimentation, le CDL s'est investi plus particulièrement sur le sujet des pratiques pastorales. L'augmentation de la charge d'activité qu'entraînait ce projet au sein du CDL, a nécessité de réfléchir au recrutement d'un.e chargé.e de mission. En 2018, un étudiant tout juste diplômé d'un master de recherche en géographie à l'université de La Réunion a été recruté par le CDL, afin d'encadrer l'expérimentation pyro-pastorale. Ayant réalisé son mémoire de recherche sur les savanes de La Réunion et un stage de trois mois au sein du CDL en 2017, son profil correspondait aux attentes.

À la suite des missions engagées au cours de l'année 2018, il semblait nécessaire pour le CDL et l'équipe de recherche, de prolonger l'encadrement de l'expérimentation et la mise en réseau des acteurs scientifiques, institutionnels (CDL, SDIS, ONF) et associatifs/particuliers (APPER, éleveurs). Au moment de

---

3 Technique d'entretien et de régénération des pâturages.
4 Pratiques d'écopastoralisme par la mobilisation du pâturage et du brûlage dirigé.

la réflexion sur le prolongement du contrat, le chargé de mission « encadrement pâturage dirigé », envisageant de réaliser un doctorat, a proposé le projet de mener une thèse Cifre au sein du CDL. Au regard des connaissances (sur l'organisme et son fonctionnement), et des relations professionnelles acquises par le chargé de mission, l'option de la thèse Cifre est apparue comme la plus adaptée aux objectifs de poursuite des missions engagées en y ajoutant une dimension de recherche. D'autres dispositifs permettent de réaliser une thèse dans des conditions similaires de recherche : l'ADEME[5] par exemple propose des financements ou cofinancement (50 %) de thèse avec une contrepartie d'un partenaire public ou privé. Cependant les bourses sont accordées à des projets de recherches principalement portés sur des problématiques liées à la transition écologique et l'ADEME est l'employeur du doctorant. Le dispositif Cifre offrait donc un choix plus large en termes de thématique de recherche et permettait d'être employé directement par l'organisme d'accueil ce qui aura, nous le verrons, un impact sur la recherche.

Les propositions de thèses en Cifre sont généralement formulées soit par un laboratoire de recherche sur une thématique précise, soit par une structure publique/privée qui souhaite approfondir un sujet spécifique et une compétence scientifique pertinente (Renault Tinacci, 2020). Il est plus rare que le format et le sujet de la thèse soient ainsi proposés par le doctorant. Dans notre cas d'étude, le doctorant a fondé sa proposition en combinant son projet professionnel, c'est-à-dire la réalisation d'une thèse, aux besoins d'actions très opérationnelles attendues pas la structure employeuse.

Le projet de thèse conçu en concertation avec la direction de thèse[6] a été soumis aux responsables[7] du CDL, qui voyaient en cette thèse une approche réflexive et opérationnelle intéressante dans le cadre de l'approfondissement des réflexions sur l'axe pastoral à La Réunion et de l'objectif de définition d'un plan de gestion adapté au site protégé. Le CDL est avant tout un acteur foncier, mais ses missions englobent également des dimensions écologiques, paysagères, culturelles et sociales. Il privilégie des espaces « vivants », et soutient une gestion raisonnée de la nature entre équilibre naturel et les actions des sociétés au sein de cette nature. Les activités humaines (récréative, sociales, économiques…) au cœur des sites protégés sont soit orientées dans le cas de problématiques écologiques majeures, soit réinstaurées ou confortées dans le cas de pratiques agricoles et/ou culturelles ayant un intérêt pour la gestion des paysages (Chenat *et al.*, 2004). Ses principes d'actions s'inscrivent dans une éthique écocentrée et dans une approche conservationniste, qui correspond à une prise en compte des actions

---

5   L'Agence de l'environnement et de la maîtrise de l'énergie ou l'« Agence de la transition écologique », est un établissement public à caractère industriel et commercial français créé en 1991.
6   Constituée d'un professeur des Universités, et de deux maîtres de conférences de l'université de La Réunion. Ils sont co-auteurs de cet article.
7   Le projet de thèse a été soumis au délégué Outre-Mer du CDL, à son adjointe pour l'océan Indien, à la directrice et au conseil scientifique du CDL.

humaines dans les politiques de protection de la nature. Il se distingue ainsi de la majorité des organismes de protection de la nature par son attention portée au singularisme des sites, des milieux et des paysages tout en ayant une vision de la nature protégée « avec l'humain ».

Le projet de thèse, lancé en 2019, a été envisagé de manière à contribuer à la réflexion et à la définition d'actions adaptées au site protégé de la savane du cap La Houssaye et à son contexte territorial. Depuis le début des années 2000, la thématique pastorale avait déjà été travaillée au travers des différents projets de recherche (Briffaud *et al.*, 2002, 2016 et 2018). Il s'agissait donc de réfléchir à une problématique correspondant aux sensibilités scientifiques du doctorant, à un approfondissement réflexif pour le projet de recherche sur les savanes et surtout à un apport de connaissances et d'outils pour le CDL qui finance la thèse.

Les premières réflexions visaient à identifier et à analyser les dynamiques territoriales qui résultent de la mise en place d'une gestion écologique par des pratiques pastorales (pâturage-écobuage) au sein des espaces protégés. En entrant par le concept clé du territoire, le doctorant géographe souhaite donc questionner les enjeux territoriaux et les processus construits ou en constructions sur un territoire insulaire dont l'histoire des politiques environnementales est récente et où la biodiversité commence à peine à être repensée à travers son rapport à l'agroécologie. Ce travail a également été envisagé dans une approche comparative avec d'autres sites protégés à l'échelle de La Réunion et à l'échelle nationale (Parc Nationaux, Réserves naturelles, autres sites du CDL). Cette approche permettra au doctorant d'avoir des points de comparaison favorables à la prise de distanciation nécessaire pour une analyse critique des phénomènes étudiés, en garantissant une certaine liberté scientifique vis-à-vis de l'organisme employeur.

Le doctorant s'intéresse à deux types d'acteurs que sont (1) les acteurs de l'élevage et du feu qui acquièrent un rôle de gestionnaire de l'espace. Il s'agit ainsi d'interroger la place et le rôle de ces acteurs (éleveurs, le SDIS, l'ONF et la sécurité civile), de l'élevage, des troupeaux et du feu dans la gestion des espaces naturels protégés ; (2) les acteurs institutionnels, gestionnaires et propriétaires d'espaces naturels protégés, qui mettent en œuvre et portent un regard quant à l'utilisation des pratiques pastorales comme outil de gestion. Au-delà de l'aspect fonctionnel des pratiques pastorales, il s'agit également d'appréhender leur aspect culturel et patrimonial, qui fait sens dans un contexte local récent de mise en patrimoine de la nature (Pitons, cirques et remparts de l'île de la Réunion[8]), de la culture (Maloya[9]) et de reconnaissance d'une agro-biodiversité locale avec

---

8   Le 2 août 2010, les « Pitons, cirques et remparts de l'île de la Réunion » son inscrit sur la liste du patrimoine naturel mondial de l'UNESCO.
9   Le 1er octobre 2009, le Maloya, genre musical typique de La Réunion, est inscrit au patrimoine immatériel de l'UNESCO.

l'inscription des races animales locales telles que la chèvre Péï[10] et la vache Moka[11].

Ce projet de thèse se situe ainsi à la convergence de besoins entre l'équipe de recherche sur les savanes réunionnaises et le CDL : entre un travail de recherches plus académique sur l'histoire des relations de l'île à son environnement, la mise en œuvre des politiques de protection de la nature, et une recherche plus appliquée en participant à l'encadrement et aux suivis scientifiques de l'expérimentation de gestion de la nature par des pratiques pyro-pastorales sur le site protégé de la savane du cap La Houssaye.

Cette expérimentation devient (1) pour le doctorant son objet d'étude principal autour duquel se forme un système d'acteurs à étudier ; (2) pour l'équipe de recherche une mise en application des préconisations d'actions permettant la réalisation de suivis scientifiques ; et enfin (3) pour le CDL une opération concrète qui fonde les prémices d'un projet de territoire. Dans une interaction de co-construction il semble essentiel que les intérêts de chacun puissent être entendus. Il s'agit de réfléchir « à » et de proposer des méthodologies de recherche et d'action, d'expliquer les méthodes d'analyse des données recueillies, et de convenir des formes de restitution et de valorisation des résultats (Audoux et Gillet, 2011). Dans le cadre de l'expérimentation pyro-pastorale, l'objectif est de tester les deux modalités de gestion que sont l'écopastoralisme et le brûlage dirigé. Les zones à soumettre aux actions étaient proposées par les membres de l'équipe de recherche ou par le doctorant lui-même, puis validées par une partie des acteurs dont le CDL, le SDIS et la Sécurité Civile. Lors de ces phases d'action, le doctorant portait un double regard. En tant que chargé de projet, devant participer à la cohésion des actions, il s'est trouvé plusieurs fois confronté à des situations de tensions entre les acteurs, ce qui en contrepartie présentait du point de vue du doctorant un intérêt heuristique certain.

Les principales missions confiées au doctorant étaient d'encadrer l'expérimentation pyro-pastorale, de maintenir les relations entre les acteurs scientifiques et techniques liés à ce projet, et de réaliser son travail de recherche. Dans le cadre de la réalisation de la thèse, les réflexions sur la recherche scientifique d'un point de vue théorique et épistémologique se sont imposées, contrairement au contexte de 2018 dans le rôle de chargé de mission où la dimension opérationnelle prévalait sur la dimension de recherche. Il s'agissait d'une part de discuter sur cette dimension de la recherche plus fondamentale, d'autre part de se concerter sur la définition du rôle confié au doctorant dans cette recherche-action et enfin d'interroger les postures du doctorant dans ce cadre singulier d'un double contexte de recherche appliquée et impliquée, académique et professionnelle.

---

10 La chèvre Péï a été admise officiellement par le Ministère en charge de l'Agriculture en 2011 par l'arrêté du 22 décembre 2011 modifiant l'arrêté du 26 juillet 2007 « fixant la liste des races des espèces bovines, ovines, caprines et porcines reconnues et précisant les ressources zoogénétiques présentant un intérêt pour la conservation du patrimoine génétique du cheptel et l'aménagement du territoire ».

11 La vache Moka a été officiellement reconnue par le ministère en charge de l'Agriculture en 2016 par l'arrêté du 13 avril 2016 modifiant l'arrêté du 25 avril 2015, au même titre que la chèvre Péï.

1.3 Interroger la posture épistémologique de recherche

Ce rappel de l'origine, des motivations, des incidences et des positionnements épistémologiques qui aboutissent à entreprendre un travail doctoral en Cifre n'échappe pas, même si cela ne s'articule pas directement sur la thématique de ce numéro, à remettre en conscience, même très modestement, l'héritage épistémologique dont la filiation silencieuse touche plus ou moins consciemment les interrogations théoriques et l'attachement, sinon idéologique du moins politique, du candidat entreprenant cette forme de recherche. Il s'agit moins ici de faire resurgir de vieux débats aujourd'hui très largement obsolètes et enterrés par la communauté des géographes que de souligner la résilience de quelques figures épistémologiques qui interrogent toujours celui qui est confronté à une recherche-action ou sur projet, associée à des partenaires d'horizons disciplinaires et institutionnels très variés dans un contexte socio-économique et politique bien marqué. Nous nous bornerons à citer deux figures[12] dont la première interroge la relation « géographie appliquée » et « géographie pure » qui a animé pendant plusieurs décennies les débats entre les tenants d'une géographie engagée dans l'action et ceux choisissant de se cantonner à une géographie dite « classique » se limitant à formuler sur l'espace « un diagnostic sans ordonnance » (Allefresde, 2002). Si ce faux débat et l'étrange perception d'une géographie « pure » sont bien sûr largement dépassés et presque oubliés, il n'en reste pas moins une forme de résilience qui s'exprime aujourd'hui par une interrogation implicite (et jamais posée de manière frontale) qui est celle de la qualité scientifique (Girard, 2002) d'une thèse Cifre. Les critères d'évaluation pour juger cette dimension scientifique sont rarement explicités même s'ils renvoient implicitement aux figures normées attendues par la discipline dans une thèse « classique ». Située « entre deux mondes » (Renault-Tinacci, 2020), la thèse Cifre implique de la part du candidat une forte capacité de médiation méthodologique et théorique afin d'établir un équilibre consensuel satisfaisant les exigences des deux parties du projet, le laboratoire de rattachement et l'acteur-employeur[13], constituant des univers de pensée et de pratiques singulières et fonctionnant sur des temporalités très différentes. La seconde figure implique la transdisciplinarité ou l'inter-opérabilité qui constitue l'un des aspects originaux de la thèse Cifre. Ce point de vue est récurrent dans presque toutes les contributions

---

12 Ce parti pris ne doit pas occulter l'importance des autres postures épistémologiques formulées lors des discussions sur le développement de la géographie appliquée ou « active » (George, 1961), comme celle de penser la formation des géographes intéressés par l'action, l'aménagement et le développement aux différentes échelles (nationale, régionale et locale), la caution universitaire nécessaire pour légitimer les connaissances coconstruites et garantir l'indépendance du chercheur, la question de l'engagement ou du positionnement politique instruisant une forme de « géographie citoyenne » militante (Phlipponneau 1996, Girard 2002)... autant de postures qui trouvent aujourd'hui leur résonance dans les réflexions épistémologiques du doctorant en Cifre.

13 Cette capacité de médiation est d'autant plus importante et nécessaire que la plupart du temps ces deux parties « n'échangent jamais directement », comme le fait remarquer M. Renault-Tinacci (2020).

des géographes[14] débattant de l'opportunité d'une géographie engagée dans l'action dont la réussite pour la géographie nécessite du chercheur l'établissement d'un dialogue avec les autres spécialistes et acteurs du projet. « Ce dialogue suppose toujours un chevauchement de compétence et une communauté de langage » (George, 1961) impliquant la maîtrise d'une solide culture de la part du géographe-intervenant « allant au-delà de la technique des partenaires » (*ibid.*). Ce même postulat est repris ensuite en écho, notamment une dizaine d'années plus tard, par Jaqueline Beaujeu-Garnier (1975) qui impose, pour le géographe engagé dans une « géographie applicable » (l'expression est de la géographe), l'impératif absolu de disposer « d'une véritable culture géographique globale » et « la possession d'un langage commun ». Cette posture reformulée aujourd'hui trouve sa place dans les discussions relatives aux théories et aux méthodologies de « co-construction et coproduction » des savoirs dans le contexte d'une recherche partenariale (Audoux et Gillet, 2011). Cela implique de réfléchir à la manière de conduire réciproquement un « apprentissage de la mutualité » (*ibid.*).

Cette mise en perspective épistémologique des éléments de langage et des positionnements théoriques des géographes « applicants » issus des générations passées doit être reçue comme une invitation à enrichir la réflexivité sur la posture de recherche à adopter, en particulier dans le cas d'un projet complexe à gérer du fait de sa dimension multi-partenariale et pluridisciplinaire.

Il s'agit alors de définir une méthode de production de connaissances et une méthodologie de référence, afin de se positionner par rapport à sa recherche et à ses interlocuteurs. La posture de recherche est définie par Pierre Alphandéry et Sophie Bobbé (2014), comme « la position que le chercheur occupe par rapport à ses objets de recherche, à ses interlocuteurs, à son terrain, mais aussi à ses pairs et aux institutions qui structurent son activité. ». Interroger la posture de recherche, conduit à construire un positionnement épistémologique sur sa recherche et sur la démarche à adopter en lien avec le terrain et les acteurs qui le composent, et cela dans un mouvement itératif. Cette posture est amenée à évoluer dans le temps, en fonction des actions entreprises, des acteurs rencontrés, des connaissances acquises tout au long du travail de recherche. Le doctorant va dans ce cas devoir identifier les facteurs de modification de sa posture de recherche afin de tendre vers une objectivation de la recherche (Bourdieu, 2003) et de garantir une certaine rigueur scientifique. Cela constitue d'ailleurs, dans de nombreux cas de thèse Cifre, l'un des résultats de recherche.

Depuis plusieurs années la question de savoir dans quelle mesure la recherche scientifique peut être objective fait débat au sein de la communauté scientifique en SHS. Ce débat sur l'objectivation de la recherche permet aux doctorants en

---

14 Pour ne pas nourrir de manière indigeste la bibliographie, on se bornera à citer parmi les nombreux articles consultés, ceux de Michel Phlipponneau (1952, 1996, 2002), de Pierre George (1961), de Jacqueline Beaujeu-Garnier (1975), de Maurice Allefresde (2002) et de Nicole Girard (2002). Cette dernière offre une vision synthétique des débats organisés par l'AFDG dans le cadre de ses Géoforum sur la thématique des « rapports entre géographie, discipline universitaire et aménagement [et] action sociale », menés entre 1984 et 2002.

Cifre de contextualiser leur situation professionnelle particulière afin d'adopter une posture critique vis-à-vis de leur travail de recherche. Ils prennent ainsi conscience des biais potentiels dans leur pratique de recherche et de leur propre subjectivité en tant que chercheur.

L'engagement du doctorant Cifre est ainsi régulièrement remis en question car il est engagé à la fois par un contrat auprès de son organisme d'accueil, mais également dans et par son terrain d'étude et d'observation (Alam *et al.*, 2012 dans Rouchi, 2018). Cet engagement suppose également de questionner l'analyse et la restitution des données recueillies au cours de la recherche. D'après Pierre Alphandéry et Sophie Bobbé (2014) « la subjectivité apparaît comme une condition sine qua non de toute forme d'engagement sans pour autant l'appeler ».

La posture épistémologique de recherche va donc devoir être articulée avec la posture professionnelle du doctorant en Cifre. Dans ce contexte chaque doctorant en Cifre et quelle que soit sa discipline de recherche, va devoir interroger sa capacité à pouvoir répondre d'une part à « l'intérêt scientifique et l'objet de recherche » et d'autre part aux « intérêts d'une collectivité » qui l'engage par un contrat (Rouchi, 2018). Dans le cas développé dans cet article, le travail de recherche s'inscrit également dans un projet de recherche-action multi-partenarial, il s'agit donc pour le doctorant d'interroger également sa posture de recherche en mutualité avec les acteurs de la recherche en question. Le doctorant reconnaît être acteur du système qu'il étudie et il met en avant l'idée que l'analyse des discours et des actions à plusieurs niveaux et leur mise en tension permettra de mettre en exergue les points de convergence, mais également les dissemblances de représentations. De plus dans cette posture, les acteurs, leurs actions, leurs interactions, leurs perceptions et représentations, sont « autant de productions humaines influençant la construction des connaissances » (Foli et Dulaurans, 2013).

2 L'expérience d'une thèse Cifre dans le contexte d'un projet de recherche pluridisciplinaire et multi-partenarial

2.1 Articuler la posture du chercheur à celle de chargé de projet

L'articulation entre plusieurs postures est courante dans le cas des recherches sur projet et surtout dans les thèses en Cifre (Granjoui et Mauz, 2012). Finalement, l'un des rôles du doctorant en Cifre ne serait-il pas de participer au décloisonnement des mondes institutionnel et scientifique ? Ce rôle qui nécessite une capacité « à réaliser une médiation entre les différents référentiels épistémiques » portés par les acteurs scientifiques d'une part et les acteurs professionnels et/ou institutionnels d'autre part. Ainsi selon Christine Andoux et Anne Gillet (2011), « il apparaît que les acteurs qui posent ces actes de médiation portent en eux les deux référentiels. [...] Ces acteurs [...] ont le désir de faire passerelle ». Or le doctorant a souvent endossé le rôle de cet acteur médiateur ayant ou devant avoir les deux référentiels, même avant la réalisation de son travail de recherche doctorale. Ce rôle de médiateur amène le doctorant en Cifre *à* se retrouver en première ligne face aux réactions, aux volontés et aux potentiels conflits entre les acteurs.

Le doctorant s'interroge sur ses actions d'interprétation qui servent aussi de traduction des phénomènes étudiés (*ibid.*). Les remises en question constantes du doctorant sur sa place au sein de ce système d'acteurs et sur ses capacités en tant que chercheur participent à alimenter le « phénomène de l'imposteur »[15]. Ce phénomène est accentué par les différents rôles qui peuvent être endossés ou attribués à un.e chercheur.e et notamment un.e doctorant.e Cifre : « Il (le chercheur) peut être perçu comme devant être à la fois cadre opérationnel, chercheur ou encore consultant » (*ibid.*).

Il semble ainsi « nécessaire aux chercheurs d'expliciter, d'argumenter et d'affirmer leur posture et leur fonction de recherche » afin d'éviter tous risques de considération ou de rôles conférés par les acteurs institutionnels notamment, en tant que « consultant dont il attend des conseils opérationnels » (*ibid.*). Cela permet ainsi au doctorant de se détacher de toutes responsabilités face aux évènements conflictuels liés aux opérations et projets sur le site d'étude. Pour Pierre Rouchi (2018), la difficulté du doctorant en Cifre est « d'apprendre à concilier les désirs et les réalités et à affirmer surtout, sa position de chercheur, sa distanciation et son objectivité » car souvent pour les commanditaires institutionnels, la thèse a pour objectif de conforter « l'organisation dans ce qu'elle croit et fait », tout en apportant « une plus-value qui ne soit pas une remise en question ».

2.2 Les apports et les limites du doctorat en Cifre identifiés par le doctorant

Réaliser ce travail de thèse dans le cadre d'une Cifre et d'un projet de recherche relève ici d'une opportunité saisie par le doctorant et d'une continuité du travail entrepris depuis la réalisation de son master. Il en percevait des avantages et un confort de réalisation, qu'il ne retrouvait pas dans les autres modalités de réalisation de thèse (contrat doctoral, allocation régionale de recherche, ADEME, etc.). Aujourd'hui en fin de doctorat, les avantages annoncés ont été confirmés et ont même révélé des apports inattendus et bénéfiques pour la réalisation de la thèse. Le doctorant souligne tout de même l'existence de limites d'exercice et de difficultés rencontrées pour la réalisation de la recherche.

2.2.1 Les apports et les avantages du cadre de réalisation

Comme nous l'avons indiqué au début de cet article, en amont du projet de thèse le doctorant a pu évoluer dans un contexte de recherche sur projet, entouré des membres du projet de recherche. Cette expérience auprès de ces chercheurs confirmés de diverses spécialités (géographes, historiens, paysagistes, écologues

---

15 Le « phénomène de l'imposteur » est décrit en 1978 par Pauline Clance et Susanne Imes, consiste à ce que la personne vivant cette expérience soit dans une phase de doute par rapport à ses compétences, au point de craindre d'être démasqué pour ses incompétences.

et zootechniciens) a permis à l'étudiant de se former sur les techniques de terrain, de relation chercheurs-enquêtés, de rédaction collégiale, de travail en équipe et de réflexion interdisciplinaire. Après l'obtention de son master, les missions de recherche réalisées pour l'équipe scientifique (2017) et les missions d'encadrement de l'expérimentation pyro-pastorale lui ont permis de rencontrer, d'identifier et de créer un climat de confiance avec ses futurs interlocuteurs et collaborateurs de thèse (éleveurs, associations, institutions, SDIS, etc.) (figure 1).

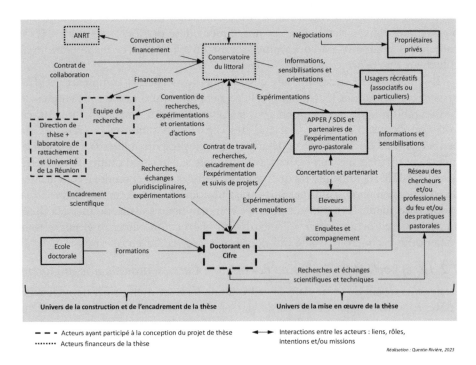

Fig. 1 Place et rôles du doctorant dans son contexte de recherche
The position and functions of the PhD student in the research context

Depuis le début du doctorat, les sessions de travail et discussions avec les membres de l'équipe de recherche et les agents du CDL ont permis au doctorant de développer des interactions scientifiques et opérationnelles singulières. Cette intégration du doctorant au sein des sphères scientifiques, professionnelles et institutionnelles, lui offre des possibilités de confrontation de savoirs ce qui selon Florence Hellec (2014) est « une condition essentielle pour la conduite du travail scientifique » car « les échanges réguliers avec d'autres chercheurs lui permettent non seulement de prendre de la distance par rapport à l'entreprise et aux catégories de pensée de ses membres, mais aussi de déchiffrer le sens des difficultés rencontrées ». Régulièrement soulignée dans les retours d'expériences, la réalisation d'une thèse Cifre entraîne le doctorant à un éloignement du milieu académique. D'après un rapport d'enquête sur les doctorants en Cifre, publié en 2021, « la structure d'accueil demeure l'espace privilégié, avant le domicile, et anecdotiquement l'université » (De Feraudy *et al.*, 2021). Les auteurs de ce rapport mettent également en avant la difficile adaptation de la thèse Cifre aux SHS, au regard de la notion de « laboratoire » qui « peut ne pas recouvrir une réalité matérielle concrète... » (*ibid.*). Or dans le contexte présenté dans cet article, l'association de la thèse à un projet de recherche, a permis au doctorant de maintenir un lien avec le milieu universitaire. Cela s'est traduit par sa présence aux réunions de l'équipe de recherche à l'université, par sa participation à la réalisation des rapports de recherches et d'un ouvrage scientifique, par ses publications scientifiques, ses interventions au cours des restitutions de recherche (séminaires, colloques), son aide au suivi des étudiants stagiaires et, ses présentations et ses enseignements en milieu universitaire. Le doctorant a pu bénéficier d'un accompagnement et d'une stimulation scientifique durant le temps du projet de recherche et même avant le démarrage de sa thèse.

Ce cadre relationnel acquis par le doctorant va également être porteur d'un des avantages principaux mis en avant dans plusieurs retours d'expériences de thèses Cifre, celui de l'accessibilité.

Nous entendons ici d'abord traiter de l'ouverture d'accès à des réseaux d'acteurs précieux dans le cadre du travail de recherche. Olivia Foli et Marlène Dulaurans (2013) en s'inspirant de trajectoire de doctorantes en Cifre, ont mis en évidence la même perception d'opportunité par ces doctorantes, au regard de leur situation. « [...] Elles (les doctorantes) ont expérimenté qu'être « prises » (Favret-Saada, 1977) dans le système, avec un « rôle » et des « identités attribuées » (Goffman, 1991), peut aboutir à des découvertes empiriques originales ». Dans notre cas d'étude, le doctorant à travers son évolution académique et professionnel, a été amené à rencontrer et à échanger avec des acteurs essentiels à la réalisation de son travail de recherche : (1) des acteurs du domaine pastoral et agricole (éleveurs, chambre d'agriculture, zootechniciens) ; (2) des acteurs du domaine du feu (SDIS, ONF, Sécurité civile) ; (3) des acteurs de la gestion des espaces naturels (agents et élus communaux, intercommunaux, départementaux). Le doctorant a également pu constater, au cours de prises de contact avec certains acteurs, que son affiliation au CDL lui offrait une facilité d'accueil.

L'accès aux données simplifié par ce réseau d'acteurs est également un apport identifié par le doctorant. Le CDL en tant qu'organisme public bénéficie d'une facilité d'échange avec les autres organismes publics (base de données SIG, rapports d'expertise, documents institutionnels, etc.) et ces données peuvent être mobilisées par le doctorant. En tant que membre de l'équipe de recherche sur les savanes, le doctorant peut également s'appuyer sur les données existantes suite aux entretiens réalisés dans le cadre du projet tout en les complétant par des données actuelles plus ciblées sur les pratiques pastorales. Son statut au sein du CDL lui permet également un accès pratique aux services humains et techniques (Ressources humaines, SIG, Informatique), à un service d'équipement matériel (bureau, ordinateur, voiture, GPS), et à un service financier (déplacements, terrain, participation à des colloques). Cela participe à créer un cadre confortable de réalisation de la thèse que l'on retrouve plus rarement en dehors des dispositifs Cifre.

Enfin, il s'agira de discuter de l'accès aux terrains qui, dans les recherches scientifiques et notamment en SHS, est une condition nécessaire à la réalisation de recherches situées et empiriques. Bien que les espaces protégés par le CDL soient principalement des espaces d'accès libre au public, la réalisation d'enquêtes et de relevés sur un site, peut être source de controverse et de vigilance de la part du CDL. Cela peut se vérifier sur d'autres espaces et chez d'autres propriétaires qui peuvent percevoir le travail de recherche et notamment d'enquête, comme un facteur potentiel de déstabilisation des relations entre les acteurs d'un territoire. Pour le doctorant Cifre, l'accès au terrain va être facilité (Lafage-Coutens, 2019) par son poste au sein de la structure d'accueil. Un terrain qui peut également être la structure en elle-même (ici le CDL) dans le cadre d'un travail mené avec et sur la structure.

La situation du doctorant lui permet d'obtenir une meilleure visibilité par les acteurs du territoire (professionnels, institutionnels, scientifiques), il est reconnu dans ses missions et ses actions. Cela se traduit autrement lorsqu'il s'agit des acteurs qui ont des pratiques sur le site étudié (éleveurs, associations, marcheurs, coureurs), créant ainsi des limites, identifiées par le doctorant, à l'exercice de la recherche en Cifre et associé à un projet scientifique.

2.2.2 Les limites et difficultés observées... liées au statut de doctorant-chargé de projet

L'environnement dans lequel le doctorant réalise ses recherches, lui offre un cadre d'évolution complexe. L'articulation entre les statuts d'étudiant-chercheur (doctorant), de chargé de projet, et d'« expert scientifique » est perçue ici comme une opportunité et un facteur limitant. Ces statuts sont soit reconnus par le doctorant lui-même (étudiant-chercheur et chargé de projet), soit accordés au doctorant par les acteurs rencontrés selon leur système de représentation (expert scientifique, sachant, ou encore « responsable » des travaux et des activités sur le site étudié). Ainsi, pour le CDL le doctorant aide à la définition d'une méthode adaptée pour conserver la savane, il maintient la mise en réseau des acteurs, il a un rôle de relais d'informations auprès des usagers, des propriétaires, des médias et de la presse locale, et il participe aux suivis des opérations et des études réalisées sur la savane du cap La Houssaye ; pour le SDIS il organise les opérations de brûlage dirigé et il aide aux suivis en tant qu'« expert scientifique » ; pour l'équipe de recherche le doctorant réalise un travail d'enquête auprès des éleveurs et participe à l'animation du réseau d'acteurs autour de l'expérimentation ; enfin pour les éleveurs il aide à répondre à leurs problématiques (accès à l'eau, parc, subventions, etc.) et il est responsable de la conduite des travaux dans la savane.

Ces représentations auprès des acteurs procurent parfois au doctorant le sentiment d'une certaine pertinence à sa présence, mais elles peuvent également jouer en sa défaveur et créer des obstacles dans ses démarches notamment quand celui-ci n'est plus perçu comme un chercheur. Ces limites liées à son statut, à ses actions et aux systèmes de représentation des acteurs étudiés ont été des déclencheurs de repositionnements ou de ré-interrogations du doctorant sur sa posture et sa légitimité en tant que chercheur. Cela tend à s'interroger sur la nécessité de mieux définir au préalable le cadre d'action et les limites entre la posture de recherche et celle d'employé de la structure, auprès des interlocuteurs.

À l'instar des acteurs « entrepreneurs » étudiés dans l'article de Céline Granjou et Isabelle Mauz (2012) défendant « une voie intermédiaire conciliant pastoralisme et protection de la nature » qui disposaient d'une « familiarité avec le monde agricole liée à une formation en agronomie ou à une expérience professionnelle antérieure » et qui étaient « profondément convaincus de la pertinence et de la validité d'une ouverture à la coopération entre profession agricole et protection de l'environnement », le doctorant lui ne disposait pas de familiarité quelconque avec le monde agro-environnemental. Ce sont d'une part son expérience sociale avec certains éleveurs de la zone et d'autre part l'expérience acquise auprès des chercheur.e.s depuis 2015 qui lui ont permis d'accéder à cette place au sein du système d'acteur.

2.2.3 ...liées à l'intégration au projet de recherche pluridisciplinaire

Ayant évolué dans un contexte de recherche sur projet au côté de plusieurs chercheurs et d'étudiants, le doctorant a été amené à travailler avec eux sur le terrain. Des premiers pas sur le site d'étude, aux premières rencontres avec les usagers de la savane, le doctorant accompagnait ou était accompagné par les chercheurs et/ou d'autres étudiants. Ces rencontres avec les interlocuteurs, qui sont finalement des sources pour la recherche, se sont multipliées dans le temps et la durée. Seuls ou en groupe, les chercheurs et les étudiants, dont le doctorant, ont parfois mobilisé les mêmes interlocuteurs, entraînant la manifestation d'un épuisement voire d'un agacement de la part de ces acteurs face à cette surmobilisation. On peut observer ce phénomène dans différents formats de recherche où sont mobilisées des techniques d'enquête, mais il semble accentué dans les recherches sur projet impliquant plusieurs chercheurs et étudiants qui participent aux observations et aux enquêtes de terrains.

Ce contexte de recherche va également révéler un second facteur limitant lié au concept du « don contre-don », qui a été théorisé par l'anthropologue Marcel Mauss dans son ouvrage intitulé « Essai sur le don » en 1925. Un concept qui dans le milieu de la recherche scientifique est sujet à controverse. Si l'on considère cette théorie, le chercheur dans une partie de l'exercice de ses missions, consistant à recueillir des données par une méthodologie scientifique définie, va être soumis à la triple injonction de « donner, recevoir et rendre ». Dès lors que des matériaux de recherche sont récoltés auprès d'un tiers, le chercheur se doit de proposer une restitution du don, par la présentation du travail final, par la résolution de problématiques, ou par tout autre échange de bon procédé. Lorsque ce tiers interlocuteur est mobilisé par plusieurs chercheurs d'un même projet, à qui appartient la responsabilité du contre-don ? Le doctorant s'est ainsi souvent retrouvé dans des situations le mettant dans des positions de responsabilité alors qu'il n'avait, semble-t-il, pas à les assumer.

Enfin, l'une des grandes difficultés identifiées par le doctorant est le passage d'une recherche collective à un travail rédactionnel individuel. Nous l'avons souligné, la recherche collective a été le cadre dans lequel le doctorant a évolué. Entre le travail de terrain collaboratif (enquêtes, relevés, observations) et le travail de corédaction (rapports de recherche[16], ouvrage scientifique[17], demandes de financement, etc.), le doctorant a pu s'initier et se conforter dans le travail en équipe. Cependant, l'une des problématiques qu'il rencontre aujourd'hui se situe au niveau de la mise à distance et de la rédaction de sa thèse au regard des nombreux documents[18] produits au cours de la recherche sur « les savanes à La Réunion » et dont il lui arrivait parfois d'y participer.

Christine Andoux et Anne Gillet (2011) développaient les différents risques auxquels un chercheur dans une situation de recherche sur projet pouvait être confronté et notamment qu'il (le chercheur) « ne fasse pas le lien entre la demande sociale ou le problème posé et la théorisation qu'il peut développer à partir de là ». À l'instar d'un chercheur travaillant sur projet, le doctorant réinterroge aujourd'hui sa capacité à répondre correctement à la demande de la thèse si tant est qu'il en existe un modèle type.

Finalement, ces limites identifiées par le doctorant se trouvent être également des forces, s'il arrive à transformer ces expériences en apports pour son travail de recherche. Pour le doctorant, l'enjeu majeur est ici de trouver la bonne combinaison entre la recherche fondamentale et la recherche-action, afin de tenter de répondre aux attentes académiques de l'exercice de la thèse et aux besoins des acteurs opérationnels. De manière empirique, nous pouvons transposer la situation d'un doctorant en Cifre à celle d'un chercheur dans un projet de recherche qui doit également répondre à des exigences académiques vis-à-vis de leurs pairs et à des contraintes de résultats vis-à-vis des acteurs de la commande de la recherche.

2.3 La méthodologie de recherche et le terrain

Au moment de l'écriture du projet de thèse, le doctorant avait défini une méthodologie de récolte de données qui se basait principalement sur l'enquête par l'entretien semi-directif auprès d'acteurs pré-identifiés (éleveurs, pompiers, gestionnaires, propriétaires). Cette méthodologie s'inspirait et découlait du projet de recherche « savanes ». En effet, en 2015, lors du démarrage du projet, le doctorant, alors étudiant en master, a participé à l'administration des entretiens semi-directifs et des questionnaires à destination des éleveurs et des autres acteurs

---

16 Briffaud (coord.) *et al.*, 2016, 2018, 2020.
17 Briffaud et Germanaz (dir.), 2020.
18 Des rapports de recherches, des articles, des chapitres d'ouvrage, une thèse, des mémoires, des rapports de stage, des rapports de projet liés à des demandes de subventions, etc.

(usagers et institutionnels). Il a pu être initié au travail d'enquête et d'observation en groupe avec les enseignants-chercheurs et les étudiants.

Or, dans les faits le doctorant s'est laissé porter par l'action et les nombreux évènements qui ont suscité autant d'intérêt pour son travail de recherche (enquête publique, déclaration d'utilité publique (DUP), travaux, réunions institutionnelles, rencontres *in situ*). Son expérience du terrain et des acteurs, ont encouragé le doctorant à repenser sa méthodologie de recherche et sa définition même du terrain. Ainsi, ses missions d'encadrement de l'expérimentation pyro-pastorale l'ont incité à s'inscrire dans une méthode qui permettait à la fois d'être dans une certaine opérationnalité et à la fois dans l'analyse du système d'acteur. Il a donc mobilisé la méthode de l'observation participante (B. Malinowski et l'École de Chicago), qui lui permet d'appréhender les discours et les comportements de ses interlocuteurs tout en participant à leurs activités. Ses réflexions lui ont également permis de réaliser que son terrain se matérialise à travers le site de la savane du cap La Houssaye, l'expérimentation pyro-pastorale mais aussi le Conservatoire du littoral, les réunions officielles, les réunions informelles, les rencontres spontanées et les interactions personnelles et professionnelles entre lui et les acteurs partenaires qui se trouvent être également les acteurs étudiés. D'après Camille Rouchi (2018), « le terrain doit être à la fois une source d'action dans le domaine professionnel (expertise, prospective) et dans le domaine académique (point étape, méthode de recherche qualitative et/ou quantitative), mais aussi l'objet d'une production réflexive (observation, restitution) à la fois nécessaire pour les deux parties tout au long du contrat, et généralement source de tensions jusqu'à la restitution ».

Alors que le doctorant partait d'un cadre théorique sur la relation humain/nature, en abordant une démarche hypothético-déductive et en investissant une méthode d'enquête qualitative. Il comprend très rapidement qu'il s'inscrit également dans une démarche empirico-inductive (commune à d'autres situations de recherche), car ses missions sur le terrain, ses rapports aux acteurs et le déroulement des évènements dans et autour de la savane font qu'il se situe dans un paradigme constructionniste qui considère que « la réalité est coconstruite dans l'expérience avec les autres et par le langage mis en œuvre dans ces expériences » (Guichard et Huteau, 2006, dans Foli et Dulaurans, 2013).

Le doctorant a donc adapté sa méthodologie et ses pratiques de terrain en se recentrant et en mobilisant l'enquête par l'entretien ouvert et spontané qui prend sens dans les rôles endossés et les situations vécues par celui-ci. L'expérimentation pyro-pastorale quant à elle est le support de sa thèse et sa position d'acteur intermédiaire et son rôle d'encadrement lui permettent de toucher à des formes de données inédites.

3 Conclusion

Le doctorant Cifre mène ses recherches à la convergence du milieu académique et du milieu professionnel. Il se retrouve ainsi à devoir répondre à la double exigence de l'exercice de la thèse et d'un rendu efficient pour la structure qui finance ses travaux. Il s'inscrit dans une posture de chercheur impliqué dans et par son terrain, au côté des acteurs qu'il étudie, à l'instar d'un chercheur en recherche appliquée.

Soucieux et/ou sommé de garantir une certaine rigueur scientifique, le doctorant s'investit dans une réflexion sur sa situation professionnelle particulière en prenant conscience des biais potentiels dans sa pratique de recherche et de sa propre subjectivité en tant que chercheur. Cela constitue d'ailleurs, dans de nombreux cas de thèse Cifre, l'un des résultats de recherche.

Il se confronte bien souvent à des représentations tronquées au regard de ses missions, son rôle et sa place en tant qu'étudiant-chercheur et employé de la structure d'accueil. Il s'exerce à un travail chronophage de redéfinition et/ou d'affirmation de sa posture face à ces interlocuteurs, ce qui lui permet d'une certaine manière de se détacher des potentielles tensions entre les acteurs étudiés. Ce travail est d'autant plus important quand la thèse Cifre est associée à une recherche sur projet de surcroît pluridisciplinaire et multi-partenarial. Car même si l'on reconnaît les avantages de cette intégration, notamment au travers d'une facilité d'accès à des réseaux d'acteurs, à des données, à des matériaux et à un potentiel de savoirs intellectuels et techniques, il convient de souligner l'existence de facteurs qui limitent et réorientent les pratiques de recherche. Entre la surmobilisation des interlocuteurs et l'injonction du « contre-don » perçu par le doctorant, il met également en évidence à partir de son expérience, la difficulté (au moment de la rédaction) de dissocier son travail de thèse du projet de recherche auquel il contribue.

Ces limites peuvent cependant être mobilisées dans son travail de recherche, lorsque celles-ci sont identifiées et recontextualisées. Elles engagent pour le doctorant une nécessaire capacité de réadaptation de sa méthodologie de recherche et de ses pratiques du terrain.

Enfin le doctorant Cifre, au même titre que d'autres chercheur.e.s dans des projets de recherches contemporaines, est soumis à l'injonction de la temporalité, entre le temps long de la recherche et de l'expérimentation et celui de l'opérationnalité. Dans ce contexte spécifique de contrat auprès du Conservatoire du Littoral, l'exigence d'opérationnalité immédiate est cependant relativisée par la vision à long terme de l'organisme, dont les missions de service public restent prioritaires, par le report contraint de certaines actions (liées notamment à la Déclaration d'utilité publique) et par des résultats d'expérimentations qui ne seront pas mesurables avant une dizaine d'années. L'articulation des temporalités se trouve alors pour partie inversée au moment de la finalisation de la thèse.

Finalement la recherche sur projet et partenariale qui est illustrée dans cet article par la situation du doctorant en Cifre « peut paraître complexifier les activités de recherche » (Andoux et Gillet, 2011), mais elle peut également apporter des améliorations auprès des milieux professionnels et des acteurs partenaires : « Elle ne vise en effet pas seulement une finalité concertée entre science et société, mais aussi une élaboration plus ou moins conjointe du processus de recherche lui-même » (ibid.).

Université de La Réunion/Océan-Indien : Espaces et Sociétés (OIES)
EA 12/Conservatoire du littoral
Université de La Réunion, Faculté des Lettres & Sciences Humaines
Niveau – 2
15, avenue René-Cassin
CS 92003
97744 Saint-Denis Cedex 9
quentin.riviere@univ-reunion.fr
christian.germanaz@univ-reunion.fr
beatrice.moppert@univ-reunion.fr
francois.taglioni@univ-reunion.fr

Bibliographie

Allefresde, M. (2002), « Le développement local, la géographie et les géographes », *Géographes associés*, n° 26, p. 109-116.

Association Bernard Gregory (ABG). (2022), Site Internet: https://www.abg.asso.fr/fr/.

Audoux, C. et Gillet, A. (2011), « Recherche partenariale et co-construction de savoirs entre chercheurs et acteurs : l'épreuve de la traduction », *Revue Interventions économiques*, n° 43, p. 10-28.

Ballon, J., Le Dilosquer, P.-Y. et Thorigny, M. (dir.) (2019), *La recherche en action : quelles postures de recherche ?* Éditions et Presses universitaires de Reims, 184 p.

Barbier, R. (1996), *La recherche-action*, Anthropos, Paris, 112 p.

Beaujeu-Garnier, J. (1975), « Les Géographes au service de l'action », *Revue internationale des sciences sociales*, n° 2, p. 290-302.

Bourdieu, P. (2003), « L'objectivation participante », *Actes de la recherche en sciences sociales*, n° 150, p. 43-58.

Briffaud, S. et Moisset, A. (coord.). (2002), *Les savanes du littoral sous le vent à La Réunion. Configurations, dynamiques et enjeux d'un paysage en sursis*, Rapport de recherche pour le Conservatoire du littoral, CEPAGE (Centre de recherche sur l'histoire et la culture du paysage).

Briffaud, S. (coord.), et al. (2016), *Les savanes du littoral sous le vent à La Réunion : histoire et dynamiques, perceptions et pratiques, gestion et médiation*, Rapport final de recherche pour le Conservatoire du littoral, UMR Passages 5319 du CNRS, EA CREGUR 12, UMR GEODE 5602 du CNRS, 194 p.

Briffaud, S. (coord.), et al. (2018), *Perceptions de la savane par la population réunionnaise et mise en œuvre d'une gestion des paysages au cap La Houssaye*, Rapport final de recherche pour le Conservatoire du littoral, UMR 5319 Passages du CNRS, EA 12 CREGUR, UMR 5602 GEODE du CNRS, UMR PVBMT — CIRAD et Universitéde La Réunion, 191 p.

Briffaud, S. (coord.), et al. (2020), *Les savanes de la côte sous le vent à La Réunion. Une approche interdisciplinaire et expérimentale de la connaissance et de la gestion des environnements littoraux*, Rapport de recherche intermédiaire pour la Fondation de France et le Conservatoire du littoral, UMR 5319 Passages du CNRS, UR OIES EA 12 CREGUR, UMR 5602 GEODE du CNRS, UMR PVBMT — CIRAD et Universitéde La Réunion, 43 p.

Briffaud, S. (coord.), *et al.* (2022), *Les savanes de la côte sous le vent à La Réunion. Une approche interdisciplinaire et expérimentale de la connaissance et de la gestion des environnements littoraux*, Rapport final de recherche pour la Fondation de France et le Conservatoire du littoral, UMR Passages 5319 du CNRS, UR OIES EA 12 CREGUR, UMR 5602 GEODE du CNRS, UMR PVBMT — CIRAD et Universitéde La Réunion, t. I et II, 43 p.

Briffaud, S. et Germanaz. C. (dir.). (2020), *Les savanes de La Réunion. Paysage hérité, paysage en projet*, Saint-Denis de La Réunion : Presses Universitaires Indianocéaniques, 281 p.

Cerles M. (2007), *Stratégie de biodiversité du Conservatoire du littoral outre-mer : État des lieux, Menaces, Enjeux*. Conservatoire du littoral, 82 p.

Chenat, V., Konitz, A., Garreta, C., *et al.* (2004), « L'activité scientifique au Conservatoire du littoral : entre recherche et action », *Natures Sciences Sociétés*, n° 1, p. 85-92.

Conventions industrielles de formation par la recherche (Cifre), (2022). Site Internet : https://www.anrt.asso.fr/fr/le-dispositif-Cifre-7844

De Feraudy, T. *et al.*, 2021, *Rapport d'enquête — Faire une thèse en Cifre en Sciences Humaines et Sociales*, Rapport de recherche, EHESS — Université Paris 1, 67 p.

Debroise, R. (2003), *Gestion concertée d'un paysage remarquable menacé. Mise en place d'un comité de pilotage pour un site du Conservatoire du littoral. L'exemple du cap La Houssaye*, Mémoire de fin d'étude, Conservatoire du littoral, La Réunion, 64 p.

Foli, O. et Dulaurans, M. (2013), « Tenir le cap épistémologique en thèse Cifre. Ajustements nécessaires et connaissances produites en contexte », *Études de communication*, n° 40, p. 59-76.

George, P. (1961), « Existe-t-il une géographie appliquée ? », *Annales de Géographie*, n° 380, p. 337-346.

Gaglio, G. (2008), « En quoi une thèse CIFRE en sociologie forme au métier de sociologue ? Une hypothèse pour ouvrir le débat », *Socio-logos* [En ligne], n° 3.

Girard, N. (2002), « Les relations géographie-aménagement : géographie appliquée ou géographie tout court ? », *Géographes associés*, n° 26, p. 23-26.

Granjou, C. et Mauz, I. (2012), « Des espaces frontières d'expérimentation entre pastoralisme et protection de la nature », *Nature Sciences Sociétés*, n° 3, p. 310-317.

Hellec, F. (2014), « Le rapport au terrain dans une thèse Cifre. Du désenchantement à la distanciation », *Sociologies pratiques*, n° 28, p. 101-109.

Lafage-Coutens, A. (2019), Cifre : entre accès au terrain facilité et lien de subordination. Dans Ballon, J., Le Dilosquer, P.-Y. et Thorigny, M. (dir.), *La recherche en action : quelles postures de recherche ?* Éditions et Presses universitaires de Reims, p. 49-62.

Marmond, C. (2002), « Recherche doctorale en géographie et Cifre. Questionnements », *Géographes associés* n° 26, p. 99-103.

Mauss, M. (2007), *Essai sur le don. Forme et raison de l'échange dans les sociétés archaïques*, Presses universitaires de France, 248 p.

Métailié, J.-P., Rivière, Q. et Robert, M. (2020), La gestion de la savane du cap La Houssaye par le brûlage dirigé. Une expérimentation en cours. Dans Briffaud, S. et Germanaz, C. (dir.), *Les savanes de La Réunion : Paysage hérité, paysage en projet*, Saint-Denis de La Réunion, Presses Universitaires Indianocéaniques, p. 195-215.

Michel, J. et Galand, S. (2019), Entre coconstruction, appropriation et émancipation : les enjeux d'une recherche collaborative Twin Cifre. Dans Ballon, J., Le Dilosquer, P.-Y. et Thorigny, M. (dir.), *La recherche en action : quelles postures de recherche ?* Éditions et Presses universitaires de Reims, p. 79-93.

Phlipponneau, M. (1952), « Géographie régionale et géographie appliquée », *Volume jubilaire du Laboratoire de Géographie de Rennes*, Rennes, p. 105-118.

Phlipponneau, M. (1996), « De « Géographie et action » à la géographie aujourd'hui. Une expérience personnelle », *Géographes associés*, n° 19, p. 19-23.

Phlipponneau, M. (2002), « Quarante ans de géographie appliquée (1962-2002) », *Géographes associés*, n° 26, p. 15-17.

Proffit, C. (1999), « La gestion des espaces naturels sensibles fonctionnement et perspectives », *Courrier de l'Environnement de l'INRA*, n° 37, p. 23-36.

Rebolledo, L. (2016), « Appréhender les émotions dans le contexte d'une thèse Cifre », *Carnets de géographes*, n° 9 (En ligne).

Renault Tinacci, M. (2020), « Le doctorat Cifre à la croisée du monde académique et de l'action publique : quand l'intermédiation transforme la recherche », *SociologieS* [En ligne], n° 11.

Rivière, Q. (2021), « D'un cheptel conservatoire de races locales à un outil de gestion de la savane : le cas de la chèvre Péï et de la vache Moka à La Réunion », *Essais* [En ligne], Hors-série 6.

Robert, M., Fontaine, O., et Rivière Q. (2020), Élevages et activités pastorales dans les savanes réunionnaises : Pratiques, représentations et enjeux actuels. Dans Briffaud, S. et Germanaz, C. (dir.), *Les savanes de La Réunion : Paysage hérité, paysage en projet*, Saint-Denis de La Réunion, Presses Universitaires Indianocéaniques, p. 161-194.

Rouchi, C. (2018), « Une thèse Cifre en collectivité territoriale : concilier la recherche et l'action ? », *Carnets de géographes* [En ligne], n° 11.

Tastet, C. (2019), Ethnographier en thèse Cifre. Retour d'expérience au prisme d'une recherche en collectivité territoriale. Dans Ballon, J., Le Dilosquer, P.-Y. et Thorigny, M. (Dir.), *La recherche en action : quelles postures de recherche ?* Éditions et Presses universitaires de Reims, p. 63-78.

Toussaint Soulard, C., Compagnone, C., et Lémery, B. (2007), « La recherche en partenariat : entre fiction et friction », *Natures Sciences Sociétés*, n° 1, p. 13-22.

❏ Giraut F., Houssay-Holzschuch M.

Politiques des noms de lieux. Dénommer le monde

Londres, ISTE Editions, 2023, 279 p.

Nouveaux enjeux pour la toponymie critique

Alors que la toponymie classique étudiait l'étymologie des noms de lieux, la toponymie politique s'attache, depuis trente ans, aux enjeux sociaux, économiques et culturels des choix de dénomination. Plus récent, l'ajout de l'épithète « critique » balise un champ de recherche recouvrant les techniques de pouvoir et de domination, les luttes symboliques et les questions de justice sociale dissimulées derrière les noms géographiques.

Regroupant les contributions de quatorze chercheurs, l'ouvrage balaie une abondante bibliographie, propose des méthodes et un modèle théorique, ouvre des pistes de recherche inédites et ne répugne pas à l'autocritique.

Onze chapitres abordent trois registres thématiques : invisibilité des subalternes ; sémiologie politique, contrôle social et marchandisation des lieux ; justice spatiale. Les chapitres 2, 3 et 4 s'intéressent aux « invisibles ». Il s'agit soit des microtoponymes (surtout ruraux) ignorés des cartes malgré leur portée écologique (S. Boillat), soit des groupes socio-ethniques oubliés de la toponymie commémorative (D. H. Alderman), ou oblitérés par le toponomascape des conquêtes coloniales (F. Giraut). La production-circulation-réception des signes toponymiques fait l'objet des chapitres 5 à 8 : adressage des rues relevant d'une technique de pouvoir sans écho populaire (R. Rose-Redwood, A. Tantner, S-B Kim), privatisation toponymique des espaces publics (J. Vuolteenaho), autre *branding* affectant les lieux du tourisme (C. Gauchon), ou ceux de la mobilité, des aéroports aux stations de tram et de métro (L. Destrem).

Le registre de la justice spatiale court des chapitres 9 à 11. La marqueterie et la superposition de nombreuses couches toponymiques, locales ou importées, reconnues ou masquées, caractérisent aussi bien les quartiers informels des Suds (M. Wanjiru-Mwita) que Guyane (M. Nouchet) et Afrique (M. Ben Arrous et L. Bigon). Deux autres idées stimulantes ressortent des textes de Nouchet et de Ben Arrous-Bigon. Pour le premier, les États perdent le pouvoir exclusif de cartographier-nommer : par le haut, au profit de multinationales comme Google ; par le bas, du fait de l'intervention de communs numériques comme OpenStreetMap. Les seconds s'interrogent, à propos de l'Afrique, sur ce qui fait lieu. Les multi-toponymies qu'ils décrivent traduisent en effet une stratification d'appellations, de pouvoirs et de vécus coprésents en un même site. Spontanés, mobiles et hétérogènes, de tels édifices étonnent l'observateur occidental. Pour les saisir, la toponymie critique doit intégrer le relativisme géographique, se livrer à une « heuristique des pratiques », et confronter l'action gouvernementale à sa réception par les habitants.

Ces textes sont précédés d'une théorie générale (F. Giraut et M. Houssay-Holzschuch). Se refusant à tenir les toponymes pour rigides et définitifs, ces deux auteurs défendent une conception relationnelle et dialogique, non tranchée, des oppositions exo/endonymes. En faisant appel au concept foucaldien de « dispositif », ils considèrent le toponyme comme lieu et sa nomination comme un processus inséparable des contextes géopolitiques, des technologies et des acteurs de son déroulement... Dommage que cette grille de lecture si prometteuse ne soit pas vraiment opérationnalisée dans le livre.

G. Di Méo

❏ **Luglia R., Beau R., Treillard A. (dir)**

De la réserve intégrale à la nature ordinaire, les figures changeantes de la protection de la nature

Rennes, Presses Universitaires de Rennes, 2023, 319 p.

Issu d'un colloque à l'initiative de l'association pour l'histoire de la protection de la nature (APHN) tenu en 2020, l'ouvrage dirigé par Rémi Luglia, Rémi Beau et Aline Treillard s'appuie sur une variété d'approches disciplinaires et interdisciplinaires. Les quarante-deux contributeurs de l'ouvrage, d'horizons très variés, contribuent à un panorama tout à fait actualisé des recherches portant sur les politiques de protection de la « nature », principalement au sein du territoire français.

À travers dix-neuf contributions, dont on soulignera la richesse, sont rassemblés des travaux qui examinent tour à tour la diversité des pratiques de protection et de gestion de la nature au fil du temps et des espaces, les conceptions sous-jacentes de la nature portées par les politiques publiques évoquées, mais aussi les acteurs et partenariats de ces démarches.

L'ouvrage comprend tout à la fois des études de cas spatialisées – portant par exemple sur le massif des Bauges, dont la nature apparaît « ordinaire », au regard des montagnes avoisinantes et des politiques dont ces dernières ont bénéficié, mais aussi plusieurs chapitres consacrés à l'évolution historique du regard porté sur telle réalité biophysique (la nuit, ou le patrimoine géologique) ou sur les objets techniques et instruments politiques contribuant à leur gestion (les passes à poisson, les trames vertes et bleues). Ce n'est pas le moindre des intérêts du livre que de donner à voir la diversité des formes de la protection de la nature, mais aussi la variété avec laquelle les sciences sociales, le droit ou la philosophie, abordent ces thématiques. La variété des sources mobilisées (archives, textes de loi, entretien avec les acteurs locaux, documents d'urbanisme) permet de saisir la multiplicité des démarches de recherche contemporaines sur ces objets, et rend la lecture de l'ouvrage particulièrement stimulante.

Le souci de la nuance, véritable fil rouge des différentes contributions, est également très appréciable : le chapitre consacré à la libre évolution de la nature rappelle ainsi utilement la coexistence d'approches pour partie contradictoires derrière un même vocable. Les inventaires naturalistes sont également analysés de manière fine, à la fois pour dire leur articulation ancienne et méconnue avec les politiques de protection (cf. le chapitre consacré aux actions du conseil national pour la protection de la nature), mais aussi leurs limites opérationnelles.

L'ouvrage ne prétend pas épuiser le sujet de la protection de la nature, et encore moins celui de la définition de cette dernière. À cet égard, la première partie, davantage axée sur ces aspects définitionnels pose peut-être davantage de questions qu'elle n'en résout, mais permet d'utiles mises en regards notionnelles : nature et biodiversité, gestion et protection, nature et naturalité, exception et ordinaire sont ainsi examinés avec minutie et pertinence.

Enfin, le lecteur appréciera la richesse de la bibliographie proposée, reflet, là encore, de l'approche interdisciplinaire des contributions.

Cet ouvrage constitue donc un état des lieux utile des questionnements relatifs à la notion de nature en sciences sociales ; on ne peut qu'en conseiller la lecture, cursive ou partielle, notamment dans la perspective des programmes des concours de l'enseignement sur les environnements.

V. Fourault-Cauët et C. Quéva

CONDITIONS DE PUBLICATION

Les articles publiés dans la revue font l'objet d'un processus de sélection rigoureux, reposant sur des évaluations anonymes par deux relecteurs spécialistes des thématiques de l'article, afin de garantir la qualité et l'actualité des recherches publiées. La diversité des profils des membres du **Comité de rédaction** et des **Correspondants étrangers** reflète l'ambition généraliste et internationale de la revue. Le Comité de rédaction assure le suivi épistémologique, définit les grandes orientations et se porte garant de la qualité scientifique des textes retenus. Les **Rédacteurs en chef** veillent au strict respect des normes formelles (voir ci-dessous).

Recommandations générales
Les propositions d'articles, de notes ou de comptes rendus de lecture sont à adresser par e-mail au secrétariat de rédaction de la revue : annales-de-geo@armand-colin.fr

Volume des textes
« **Article scientifique** » : 50 000 à 60 000 signes, notes et espaces comprises (hors bibliographie).
« **Note** » : environ 30 000 signes, notes et espaces comprises (hors bibliographie).
« **Compte rendu de lecture** » : 3 000 signes au maximum, notes et espaces comprises.
Si le texte est accompagné d'**illustrations**, elles doivent être fournies séparément, de préférence au format .ai ou au format .jpeg. En raison de l'édition papier de la revue, toutes les illustrations doivent être en **noir et blanc**.

Présentation des manuscrits
Préciser en tête du manuscrit s'il s'agit d'un **article**, d'une **note** ou d'un **compte rendu**.
Indiquer en début d'article le **nom et prénom de l'auteur** ; sa **fonction** ; le **lieu d'enseignement et/ou laboratoire de recherche** ; l'**adresse administrative** ; un **e-mail**.
Les articles et notes doivent comporter des intertitres (trois niveaux au maximum. Exemple : 1., 1.1., 1.1.1.).

Résumé et composantes bilingues
L'auteur est invité à fournir **en français et en anglais** (prioritairement) le titre de l'article, le résumé (15 lignes au maximum), les mots-clefs (entre 5 et 10), les titres des figures.

Bibliographie
La référence d'un ouvrage doit mentionner, dans l'ordre :
- pour un **ouvrage** : Nom de l'auteur, Initiale du prénom. (Année de publication), *Titre de l'ouvrage*, Lieu de publication, Éditeur, pages.
Exemple : Pelletier, P. (2011), *L'Extrême-Orient : l'invention d'une histoire et d'une géographie*, Paris, Gallimard, 887 p.
- pour un **article** : Nom de l'auteur, Initiale du prénom. (Année de publication), « Titre de l'article », *Titre de la revue*, numéro, pages.
Exemple : Di Méo, G. (2012), « Les femmes et la ville. Pour une géographie sociale du genre », *Annales de géographie*, n° 684, p. 107-127.

Tarifs d'abonnement 2023 TTC (Offre valable jusqu'au 31 décembre 2023)

	France	Étranger (hors UE)
Particuliers	☐ 105 €	☐ 125 €
Institutions	☐ 265 €	☐ 320 €
e-only Institutions	☐ 210 €	☐ 245 €
Étudiants (sur justificatif)	☐ 80 €	☐ 80 €

Prix au fascicule : 20 €

Chaque abonnement donne droit à la livraison des 6 numéros annuels de la revue et à l'accès en ligne aux articles en texte intégral aux conditions prévues par l'accord de licence disponible sur le site **www.revues.armand-colin.com**.

Abonnements et vente au numéro des *Annales de Géographie*
Dunod Éditeur, Revues Armand Colin – 11, rue Paul Bert – CS 30024 – 92247 Malakoff cedex
Tél. (indigo) : 0 820 800 500 – Étranger : +33 (0)1 41 23 66 00 – Fax : +33 (0)1 41 23 67 35
Mail : revues@armand-colin.com

Vente aux libraires
U.P. Diffusion / D.G.Sc.H. – 11, rue Paul Bert – CS 30024 – 92247 Malakoff cedex – Tél. : 01 41 23 66 00 – Fax : 01 41 23 67 30